CH3

專業養成才是決勝關鍵點

CH4

從痛中學 N件設計圈會碰到的鳥事

CHAPTER
01

致那些同業與
半路轉念想闖設計的
同路人們

我們都想在工作發光發熱，

最好還能存桶金，

面對選職或轉職，無論新鮮人或識途老馬，

從事室內設計好嗎？

連我到現在都會問不後悔嗎？

我在上海設計過一間主題餐廳,工程隊的老闆介紹兒子學室內設計的同學,希望我把他帶在身邊當小助理。

第一天他很早來,點點頭叫我陳老師,我看了他一眼沒多說什麼,就拿起 iPad 看圖面內容。他突然露出一個崇拜的表情說:「陳老師拿起來就是專業,不一樣就是不一樣!」

我滿臉疑惑得問他:
「你覺得當一個室內設計師的目標是什麼?」
他回:「就是像陳老師這麼體面,每天看起來都很帥氣!」

於是第二天我就叫他去跟師傅搬磚塊,第三天以後我就看不到他了。

對於太表面的浮誇態度跟思考,我非常排斥。想從事室內設計工作,沒問題啊!但是你知道為什麼要吃這行飯,有本事吃嗎?

What
Mission?

右圖:要感謝老天爺賞飯吃,自己也要夠努力,室內設計工作的前提是自己有無美學天分。
會接到 Garmin 設計案,也是深耕多年後才接觸,

[What is Interior design]

室內設計到底有什麼魅力？

職場百百款，為什麼想轉職室內設計？

我是學美術的，第一份工作是做廣告美術，跟室內設計八竿子打不著邊，當年不知哪來的勇氣跑去北京創業，結果幾乎是慘敗、用逃回台北形容都不為過。

記得我在夜校補習室內設計課程時，老師用很疑惑的眼神問我：「到底室內設計哪一點吸引你？這可不是一件好差事啊！」

我看了看老師回：「因為我窮！」這是真心話。

我真心認為有理想是好事，
人生有遠大抱負跟想法也是好事，
但太過於夢想的話語，我說不出來；
了解現實面的狀態，才可能更認真的鞭策自己。

從軍中退伍後，我隔天就去廣告影片製作公司上班，當年也很年輕，看到美美的影片跟廣告的創意，又認為可以常常看到一些大明星，對廣告業有憧憬。一個月內我已經被製片公司搞到一天睡不會超過兩、三個小時，而且還沒有加班費，美好的影片作品背後，其實有很多辛苦又複雜且不為人知的流程，而你的身分很可能只是小小的螺絲帽。

每天這麼辛苦的工作，我一直期望有一個未來，當年可是雄心壯志，給自己設定兩年內一定要當上導演的目標，後來也確實有一個機會在我眼前，但我卻退卻了，理由很簡單，我是一個內容性不足的人，連音樂基礎素養都不夠，怎麼當導演？那時真的深刻體會，書到用時方恨少的大道理！

認清事實，認清自己，
不要跟自己無法達到的限制過不去，
人生的階段不同。

這樣說好了，我相信很多人一定下過這樣的目標，一天要背幾個英文單字量或要記住幾個片語，什麼時間要達成，也許很努力了，但前陣子背的沒多久就忘了，一定反覆練習或要去應用，才可能達到目標。

不斷的重複練習，一次又一次的，
有些事真的沒有捷徑。

與其說室內設計有多吸引我，不如說在現實考量下，我必須接受室內設計的吸引。但我試著在陌生的第二技職上學會「喜歡」這兩個字，設計跟影片都是美的工作，表現好的話，我的人生會很有成就。銘印一個信念在內心，不喜歡的話，一切都很難維持下去。

你有什麼贏過人家的特質？

半路轉職的你是新手，肯定沒人理睬，所以你的優勢在哪？

有一年，一個臉書朋友說要來台北找我，因為她有接到幾個室內設計的案子，想要跟我合作；結果這個朋友讓我大呼不可思議，她不會基礎丈量，不會用 CAD，也完全沒有估價的概念，我對她說：「妳實在是太逗了，到底哪來的勇氣接案？」她回答我，「我就是有能力接案子啊！而且還完成不少戶呢。」

我很認真的對她說，業務能力不過是這行的基本功，妳沒有堅強的相關知識底子支撐，遲早會影響到往後的路。她覺得她是來跟我談生意，我卻潑了她一大桶冷水，沒辦法啊！我就是說不了假話。

於是我就跟她說起我的故事。當年為什麼有勇氣轉職？因為我知道自己的手繪基礎十分紮實，就算是轉職，也要找跟原本屬性相近的行業，不是別人說我們可以，或者只是因為自己有興趣，就覺得可以做，除非你想。比方我身高只有 174 公分，想要去當伸展台的模特兒？絕對是不可能的嘛！

轉職需要勇氣，但更現實的是，
你有沒有了解自己的先天條件、自己的體質！

我去上的室內設計先修班,是個以「三個月學好室內設計行銷創業班」為號召的補習班,當時很多人認真的學圖學,老師也很認真的告訴我們如何與業主溝通跟判斷價格。但說到廣告行銷、傳單手法,我覺得有點過時了。曾經看過一個設計師,在商業大樓的門口,只要看到有人從裡面出來,就拿著厚厚一本作品集追上去推銷,我當時心想,是誰教他這麼笨的方法啊?那是 2004 年,網路世界剛開啟大門的年代,我自問,如果我有辦法用科技運作成功,可就是我的一大優勢呢!

優勢跟贏面其實要看時代演進,
符合每一個時期的先驅才會是贏家。

確實我成功了,運用我在廣告時期的一些方法,打開網路跟業務的大門,創業半年後開始的一年內,接了 25 個案子。

What's
Next?

[**Find yourself!**]

獨特的你，
找到自己的盲點了嗎？

從設計系畢業的小鮮肝，為什麼總是沒人敢用？

有一個女主播告訴我，她花了數年的時間在練習眼神、語氣、咬字及反應能力，這樣經年累月的訓練看似沒有什麼，卻是主播專業的入門磚。台上一分鐘，台下十年功，你願意投資多少成本在自己身上？換句話說，不是你當上了主播就會是稱職的好主播，你得努力付出，才撐得起這位置賦予的責任與價值。

年輕時找工作，面試我的主管都會問：「你覺得你自己是什麼？」我總淡定的說：「我是公司未來選擇的人才。」如此自信的話出自22歲時的我，是的，就是自信！

當你一無所有時，先塑造出未來的模樣，
就是給自己的期許，讓人看到你炯炯有神的眼神，
等於是告訴他人，也告訴自己，
我準備好，願意面對未來了！

回到室內設計，我在大學講課的經驗，給了我一個很深刻的心得：學生都太習慣接收老師給的內容。有一次的主題是參加設計比賽的排版，但簡報說明裡沒有任何排版過的圖像；果不其然，很多學生反應我沒提供排版樣本，於是我對他們說，我第一次參加國際設計比賽前，也沒人排給我看啊！哈囉，有事嗎？

Reality
Bites

不要說為什麼沒有人敢給年輕人機會；不如反過來說，為什麼老闆都不用年輕人？怕你經驗不足，怕你技能不足，沒有能力馬上上戰場，當然也怕定性不足，栽培一段時間你就跳槽。

還是我們來說說，老闆非用你不可的理由。當年在廣告公司當小製片時，有一些大美術會來公司畫腳本，開啟電腦的Photoshop就熟練的用手繪筆畫起來；我就跟著在旁邊學習，依樣畫葫蘆跟著用這個軟體，老闆一看到我會用了，就幫我加薪並讓我接觸美術的工作。對老闆而言，這是很實際的，他不用再外聘人員產生外部成本，加我這點薪水，對他來說怎樣都划算，也給我創造更多未來的機會。

當然那是過去式，現在軟體工具十分多元化，會的人多又廣，競爭更是激烈，但我發現學生有個極大盲點，軟體本身是來幫我們設計的工具，可是學生都被工具所操控，軟體不提供的東西就不會應用了。

我一直說思考十分重要，
公司需要的是一個能獨立思考的設計師，
優秀的你，之所以說自己是室內設計師，
是因為你能用設計解決問題，而不是一再被設計考倒。

在業界有一定年資，看過大風大浪的各位，相信有些人跟我有一樣的問號，明明都想力求創新，十分願意跟上時代，為何載浮載沉，力求轉型卻也經歷不少的挫敗，經過多年省思，終於找到一個最大的關鍵點。我們都是盡心力的設計師，是好的創作者，但我們未必是好的經營者。因為我們努力做設計求新知，卻忽略市場脈動，忘了「設計其實是一門生意」！

資深設計者最可貴的資源，就是難以被竊取的經驗與戰鬥值，可惜卡關了，沒有掌握自己的經驗與價值，只埋頭做設計，就像多數製造業一樣，基礎都很強，但都只能停留在代工，以至於後輩不斷湧上來，我們變得無力追趕，案子無形中慢慢變得愈來愈少。

企圖轉型的老鳥，
我們要改變的不是創意，
而是去改變「經營策略」的腦袋。

小白們，調整好你的心態，如果想往室內設計這條路創業，來吧，我們即將展開既甜蜜又魔鬼般的試煉之路！同步獻給資深同路人，一起轉化思維的迴路，找到自己的經營良方。

右圖：該圖是我拿到 2018 年德國 iF Design 設計獎住宅案，也是我悟了許久，衝了幾年比賽才拿到的獎項。

CHAPTER
02

27 個室內設計
職場生存法則

新世代的室內設計師，
不是靠口碑就有案子源源不絕上門。
菜鳥要開拓、老鳥不只守成還要登頂，
從心態、人脈、法條，到創業、溝通，
把自己當品牌經營正是大趨勢！

當我決定以設計師為職業時，我相信：是的！我現在是專業的室內設計師了！然後呢？下一步呢？

記得 28 歲時，我在北京廣告影片製作公司創業失敗，回台灣以後已經難以跟原來的廣告業人脈接軌上，那時相當憂心未來的生活，畢竟都快 30 歲了，還無法找到方向，十分苦惱。媽媽當時收到一張傳真，就拿給我看，是一張室內設計養成班的招生廣告，我覺得可以去試聽看看。

因為裡頭有創業的課程，決定讓自己再試一次。

在學習過程中，我下了非常大的決心，無論颱風或下雨都一定要去上課，往往進課堂的時候總是滿身溼透，但這還不是最糟的。因為過度緊張，我得了大腸急躁症，只要一下課就衝去廁所，在學習的那三個月裡，幾乎都是在這樣的狀態下度日。

當初轉換跑道，踏入室內設計有非常明確的目標。除了本身喜歡設計外，當然更希望這份工作能為我創造更多的收入；父親非常反對這個決定，因為室內設計師要面對的介面太多，處理的人事也非常複雜，但當時的我還是非常堅定的告訴自己：我想做、我能做。

What
Mission?

但是我不得不說，一旦決定踏入這個行業，許多問題都是「一起」報到，在沒有任何作品證明自己是室內設計師時，怎麼推銷自己？什麼都沒有的狀況下，要去哪裡找工班？更別以為剛入行就不用學看財報、不用懂成本控管，即使在這一行已經做了好幾年、甚至十幾年的資深老鳥，都會敗在數字與管理，更面臨轉型危機，害怕案子不再找上門。

尤其網路時代，新世代設計師懂得用聲量來換金流，相較資深設計師的傳播工具停留在實體的人群網絡，獅子會、扶輪社、大小公會是最熟悉遞名片社交的地方，對網路工具是陌生的，即使意識到了，不是感到排斥，要不，就是不知道該怎麼用，拚輸了年輕人。

**我誠實地說，設計師是好入門的行業，
不需要準備龐大資金，一台電腦就可以準備創業；
但要做到專業、做到好，是很困難的一件事。**

一位成熟的設計師沒有五年時間磨練是起不來的，泥作要怎麼弄、木地板怎麼鋪、油漆怎麼漆又該如何整平、防漏水以及鋁門窗材料等等，甚至到軟裝窗簾家飾布置大大小小的一切，各式工種環環相扣，各種屋況又千奇百怪，這些全都和室內設計有關，這樣你就該知道它的專業術語有多少！

所以，入門歸入門，想要達標門檻是不低沒錯，但如果想要走得長長久久，特別是小型設計公司體制，不在浪尖也要在浪中間，首先就別被浪給沖得七葷八素，我從成功到失敗，再從失敗重新來過，以過來人經驗悟出小型設計公司的生存活路，提供給大家參考。

還是菜鳥就別嫌，有案件就做！

初期是很好的自我成長關鍵，因為這個階段是最沒有姿態的時候。我們都當過菜鳥，入門絕對最辛苦，卻也是最能快速累積技術的時刻。

我在學校授課時，總會跟學生說好好珍惜學習的時光，因為這是人生中最能天馬行空的時刻；當我們到社會實戰以後，要求的都是實務技巧，你的每一個設計都牽涉到成本與預算掌控。

剛掛牌當設計師，沒資格篩選案件，有人願意找你就要偷笑。我的第一個案子因為真的太久遠，我其實已經忘了怎麼來的，好像是房仲阿姨幫忙介紹的。

案主是一個小學老師，案子不大，就是前陽台的工程，預算約 20 萬出頭。但現在回想起來，這個小小工程對入門的我帶來很大幫助，因為工程很單純，可以當作很好的訓練，我也沒有太大的壓力要扛。初期能有這類的小案子，除了可以在風險最低的狀況下進行，也可以透過個案，慢慢建立自信心與經驗值。

建議剛起步的時候，小白設計師能接小案子再好不過。別太挑剔，因為它們風險低，不會涉及太複雜的法規命令或危及人身安全；而所謂的小案件，泛指簡單的室內改裝，只要不是全屋翻修，特別是幾十年老屋，都算是小案，好比局部浴室改造、廚房翻新等。有案子才能成就戰鬥值，什麼案子跟人都遇過了，對未來絕對有幫助。

From Beginning

但你一定也想問，自己還那麼菜，連個工班團隊都沒有，
總是被老師傅欺負，怎麼說服業主甘心買單，
而且還不怕犯錯？

老實說，我犯過錯，而且是很慘、很痛的教訓。和夥伴一起承接投資客的案子，因為我們對工程實在不熟悉，只好發包給工程公司，而工程公司又再拆包，拉高工程成本，木作偷工減料，連安裝的廚具設備都過了保固期，最讓我跟夥伴哀嚎的是，業主來驗收時，就往我設計的懸空電視櫃一坐，當場撐不住體重而摔下來，後果下場就不用多說了，這就是只懂設計，不懂結構力學的教訓跟經驗。

有錯就誠實認錯，徵求業主原諒，放低該有的身段，努力彌補，帶著誠信與負責的態度，任誰都會點頭給機會。

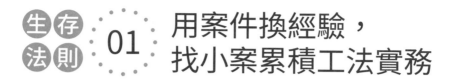

生存法則 01 用案件換經驗，找小案累積工法實務

菜鳥最缺的不是知識，是工法的實地演練，而學習最重要的心法就是天天耗在工地裡，必須要聽見、看見及親自動手，這個沒有捷徑，就是「磨」一個字。

● 土法煉鋼，慢慢建立個人專業價值

老方法還是最有用。進工地直接和廠商師傅請教熟悉工法，摸透師傅的「手路」工序，串接理論和實務；另外，廠商在說什麼的時候，努力傾聽、筆記，然後吸收起來，這點非常重要，因為這也是在跟業主開會時的重要養分。

● 一次學一件事當累積

積少成多是我十來年悟出的生存法門，不是財務上的積少成多，而是創作理想實踐的累積與爆發。設計師總時常有理想，想百分百發揮創意，但才剛學會走爬，怎麼妄想下一步就要飛！我會將想要嘗試的手法，分散在各個案件中實驗，等到時機成熟，在合適設計案中一併整合發揮。

誠如我習慣在空間裡設計弧形天花板，或是電視櫃的特殊造型，都是在每個大小案件慢慢累積實力；新莊國小的數位圖書館就是我集大成的最佳代表，而這個圖書館又成為我下個設計的新改革動力。

右圖：新莊國小的數位圖書館，是累積過去設計經驗大成打造。

● 替未來的工作團隊鋪路

菜鳥階段什麼都缺，鮮少人能在初創業就找好水電、泥作和木工師傅。當時我沒有任何工程團隊，透過介紹，加上網路搜尋，來了個木工，我問他有沒有認識油漆工，剛好他弟弟就是做油漆的，那水電呢？鐵窗呢？師傅本來就會有一些既定人脈關係網路，一個牽一個的就有了。

找到人後，這些小案子就成了設計師和工班團隊培養默契的試煉場，設計師可以趁機觀察工班師傅的優缺點，從他們擅長的工法技巧到個人人品性格。特別是現在對工安品質要求相對謹慎許多，背後的合作團隊得精挑細選，趁著小案子篩選，未來就知道遇到怎樣的案子時，該派哪組工班進場。

● 小案子就是練習基礎工學的好時機

撇開開業要求溫飽有收入,真的別認定小案件沒有存在價值!小學老師阿姨的陽台改造,工法可能沒很深奧,但第一次工程至少讓我這枚新鮮人,先把施工工序弄清楚流程,下一個案源進來時,我已經學會該怎麼調配工班。

回想起第一年接到數個新成屋裝修,很感謝業主讓我有「實練」機會,尤其那時候我的定位風格還沒有很明確,正好可利用不同設計案摸索方向。我試圖嘗試弧線、普普風的圓形幾何,搭配淡雅色調和溫潤木作,找到自己的特色與風格。室內設計講求的空間感以及人體工學應用,也是利用初期磨練出心得。當時還不懂吧台設計,連知道的建材也有限,全走木作訂製,多虧了那回設計吧台,弄懂了站坐的人體工學需求和家具尺寸間的微妙關係。

包含叫料在內,你知道叫料對設計師的經營管理來說有多重要嗎?考慮損料下,建材物件必須恰到好處,過多會有浮報問題,能不能挪給另個案源使用有其不確定性因素,若量太少重補料,又怕斷貨,像是石材磁磚沒有一口氣叫足,不是同一批號生產的,花紋色澤可能有差異。有的磁磚如馬賽克磚甚至不能用退貨方式處理,所以大部的設計師不會多叫料。

第一次幫屋主鋪浴室馬賽克磚,其實鋪設到最後磁磚量還剩了不少,這代表我估算的料比預期多,我的叫料能力有待加強。不過靈機一動,將剩下的馬賽克磚用來修飾廚房上櫃頂部壁面到天花的木作封版,襯托出空間層次感來。同時又練了一回出貨管理。

無論案件是大或小,都要督促自己在每個案場學到的新東西。感謝創業頭一年火速累積的 25 個案源,這數字的背後代表我至少學了 25 個和室內設計的相關知識,練了 25 回基本功。

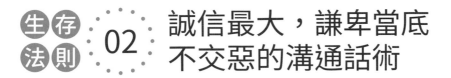

生存法則 02 誠信最大，謙卑當底
不交惡的溝通話術

因轉換跑道到室內設計時，我就告訴自己，可以不懂，但要以誠意示人；可以有自信與原則，但身段要軟。最重要的是，我們可以放低姿態，但不能放掉專業。

● 誠實告知，展現誠信

和業主接洽時，我不會誇大言詞只為了搶下裝修案；在溝通的過程中，一定會誠實告知自己才剛出來創業，室內設計經驗還不是很足夠，但有心努力為業主找到解決方案，也會同步找工程經驗豐富的老闆或好友協助，可諮詢意見或合作，彌補專業不足狀態。

● 身段軟還要 Q，不怕被擺道

我自己就在「軟 Q 身段」跌過跤，太過於狂妄自大。

25、26 歲時，正是個當紅美術指導，那時候的我非常不好溝通，遇到不合理的事情會不停抱怨；最糟糕的是，常常拍到一半不開心就直接走人，之後拿到開了半年期支票的薪水，很長一段時間，製作公司就是故意不去兌現。在北京創業失敗後，回台北時，很多人不願意和我一起工作，才清楚明白有才華又怎樣？高姿態已經毀了自己的名聲。直到改行室內設計後，我告訴自己身段要軟，別再自大。

用心聆聽業主的需求，和客戶或同事溝通時都用平和語氣，不要在第一時間就打槍、拒絕他人，而是要想更多法子來解決問題的癥結點。用高 EQ 和工班溝通，畢竟環境良好、情緒愉悅下，大部分人都能有更高效率的工作質量；保持同理心，不要用職位高低或身分去壓迫他人，別忘了，菜鳥階段很忌諱對工班擺高姿態，被師傅偷偷擺道最吃虧。

縱使身段軟，也不能像過熟的柿子軟過頭，一碰就爆，最好像海參一樣軟趴趴但有 Q 度。該適度回擊的時候，點到為止的正拳回應最恰到好處。有位業主曾跟我說他很喜歡格局採光明亮，展示櫃要有能清楚看到陳列品的間接照明，後陽台全日要有正午陽光灑落的感受，愈亮愈好。前者執行面沒太大疑問，可後者，按常理不可行也不建議。

請問你要軟軟地和業主「互動」嗎？這時候就要夠「Q」，我反其道而行，直回：「要那麼亮可以，我可以訂片場專用燈具來打亮後陽台，但那造價不菲，用電量也很兇，這樣行嗎？」拿出預算盾牌，業主自然放棄原定想法，雖然偶而還會嚷嚷設計師會罵人、不給商量，但雙方都明白僅止於玩笑話，大家反而相處更融洽更好做事。

Working
Policy

右圖：為旅英藝術家優席夫設計的藝廊咖啡館，我和他的緣分起於幫他製作影片。

形象篇

別說沒能力，要說我有辦法 cover

我總幻想像洛基一樣，在失敗邊緣下奮力一擊，只不過我不用拳頭，而是用畫筆。我承認，剛創業時會用「騙」這個手段，聽起來很負面不堪，但如果認真騙、騙到讓人感動呢？

大導演史蒂芬・史匹柏（Steven Spielberg）從年輕時就想當導演，於是買通環球影城的警衛，找了一個貨櫃當辦公室，直接就在門口掛起「史蒂芬導演辦公室」，儘管當時的他一部片都還沒拍出來……。

但是對初踏入室內設計職場的菜鳥來說，最大且真正的困難點還是，第一個案子怎麼來？沒有任何成品與實績，要如何去說服別人相信我們的專業？

那時候的我稍稍冒點了險，自己翻閱架設網站的工具書，架個網站放上和認識的長輩事先「借」來的作品，充當我的創作；為了避免抄襲爭議，我同時標註上他的公司名，也和他溝通過，一接到案子隨即將這個作品撤架。現在回想起來，真心不建議你們如法炮製，儘管我有取得授權。過去到現在，網路盜圖事件時有所聞，不少設計師還是已經開業好多年的，也會傻傻的跟著抄襲，多半圖個僥倖心態，但萬一哪天被抓包了，名聲毀掉不說，還要負擔刑事跟民事責任。

可是話說回來，一旦真有案源找上門，而且萬一處女秀就是來個大案子，一上門就是要全屋改造，特別是老屋翻修，那該如何是好？菜鳥當然內心糾結，一處理不好，賠到想翻盤也沒機會翻，但若是我，明明什麼技巧都還很生澀，還是會選擇接下來！這麼好的實戰經驗，能不收下嗎？

別說你沒能力承接，
要去想自己要用什麼「辦法」完成。

我在設計人生第一回合的老屋翻新，向業主誠實說明自己經驗菜，不過可是做好全副武裝，承諾對方可以為其做到需求。接案前，我先向補習班的老師求救請教，包括工序的進行、細節的考量，還有工班的引薦，做足功課後，才如此大膽提議。即使走跳十來年室內設計職場，依舊秉持該信念：我有辦法可克服。

而為了第一次和業主面對面直接溝通時可以更順利，請準備好說故事的能力，以及展現應有的自律操守，以獲取對方信任。特別是初創業時，專業度不足是必然的，多少得靠話術來補強。我曾聽過室內設計師圈很多風花雪月的八卦緋聞，某設計師邊執行案子就邊和業主談感情，花邊故事比專業知識精采得多，這些事傳出去，都會讓未來的業主對你的信任感打折扣。

當然美好的第一印象也不能少，你要滿口檳榔汁談生意嗎？不過，我們的內在會隨人生階段不同歷練成長，外表氣質也會有所變化，獨獨最終目的依舊沒變，還是要給予業主：

- **設計師的專業度**：下意識傳遞專業知識，讓人知道你不是空包彈。
- **信任責任感**：給人自律規矩的感受，值得交付任務。
- **生活品味的共鳴感**：物以類聚，沒有高品質和高品味，吸引不了喜歡頂級業主。

回過頭來，現在的我若要留當初年輕時的招牌貝克漢頭，可能就吸引不了業主了！

網路渲染無極限，
自媒體是你的最佳名片

一般說來，能在一開始就有大型案源，靠的多是親友介紹。但是，簡單說一句話，親友團固然可以幫助製造聲量，但金流還是自己挖比較妥當，網路自媒體就是一個不可缺少的工具。

● 親友團是最佳助攻行銷

誰會最先知道你出來創業當室內設計師？自然是你身邊的親友！他們會很樂意替你做免費的宣傳廣告，爭相走告街坊鄰居，網路行銷需要有人充當病毒口碑行銷的擴散源時，親友們就是最佳助選團，我的父母親也會遇到親朋好友時，跟大家提及我的職業。

不過請記住，親友的口碑行銷是兩面刃關係，好時沒事，不好時，怎麼做都是缺點，所以我反而害怕剛創業時，就先接親友的裝修設計，包含好友、同學在內。

● 沒作品就畫 3D 圖示意

現在的 3D 繪圖軟體強大，如果沒作品，就自己畫 3D 擬真示意圖，清楚標註設計想法概念、選用的材質和作法，一樣也能贏得客戶青睞，至少先抓住獲得面談溝通的第一個機會。另外，千千萬萬別像我當年因為對 3D 繪圖技術沒那麼熟練，軟體也沒現在先進，而冒險跑去「情商」別人作品佯裝是自己的。畢竟「借」作品有違道德，很多用途牽扯商業露出時有侵權疑慮。我就有設計師朋友因為未經他人許可而轉載文章圖片，被告盜用。

甚至，有些設計師可能在其他設計公司待過一段時間，出來開業後，拿著前公司案源當自己的作品，事實上他或許只是參與現場執行，壓根沒碰設計，這樣的行徑大有人在，也算剽竊！所以，依然奉勸沒作品，就自己動手畫吧！

● 善用網路資源散播消息

準備好親友團、備妥擬真立面圖，接著就是把「需要室內設計請找我」的訊息廣發出去。以前年代是傳單或下平面廣告，但才創業起步，鈔票子彈沒那麼多，經濟效益划不來，現在有個很好的管道：網路，它的預算彈性，甚至零預算，透過原創內容文字，讓入口網站的 SEO 搜尋引擎優化，將自己相關資訊網頁排序提升，增加能見度。

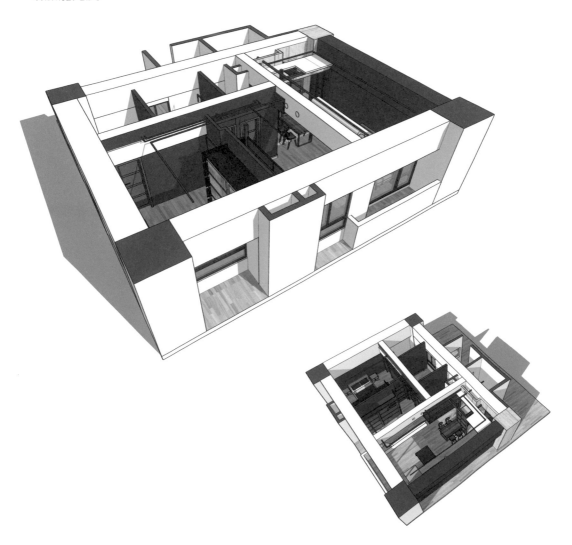

圖：畫3D透視圖有個好處是業主比較容易能理解你的設計，假使沒有案源找上門，
自己有空多畫圖就當練基本功。

● **部落格、社群平台：**自己創作的文章最有說服力，張貼於自己的部落格或社群平台分享。

● **親朋好友的社交網路攻勢：**露出訊息後，邀請親友充當好評團留言點讚，刺激見廣度和互動率。

● **自媒體的討論區塊：**自己到第三方公開媒體平台，透過留言板和討論區，曝光室內設計相關訊息。做法很像傳統印製傳單 DM，在街邊發送或是塞人家信箱，只不過現在流行線上，用網路來傳播溝通，紙本印刷 DM 改成數據罷了。而且數位魅力在於可無限延伸，且傳統拜訪管道有限。

Social
Media
Marketing

態度決定發球權，靠好形象建立公信力

我一直很喜歡 Tom Dixon 幽默不失自信的態度，所以會以他為榜樣，倒非模仿他的說話語氣，而是將他的幽默風度，轉換成我的說話方式。

● 賣專業也請重視儀表

你尊重業主，業主才會尊重你。現代人很注重儀表這件事情，說話有口臭或身上有體味，難免讓人覺得你不注重衛生或自我管理，我是來聽你講設計的，不是來聞你身上怪味道。但不是要你整個行頭都靠名牌來幫襯，而是展現出個人魅力；明明知道自己穿皮衣很俗氣，就請盡量避開；若真的不知道該怎麼做，現在也有形象顧問，專門提供量身打造的建議。

● 自律與誠懇態度，不讓信任打折

見過一位冷氣廠商取名為「黃尚好」，或以誠懇、務實及接地氣的名稱建立個人品牌，比方取個外號叫「蜘蛛人」或「接地線」等來拉抬信任感。

使用好記的名字之餘，同時也需意識到設計師是很要求自律的行業，相當注重操守，若像是藝人爆出「多人運動」，一個道德瑕疵可能就會惹禍上身。

- **行為舉止分寸**：和業主接洽，請保持適當「人際」距離，我曾有個工班案子做到一半和業主談起戀愛，「半買半相送」將底價給了對方，這就犯了大忌。
- **上班態度**：該交給業主的資料、內容物料提供請朝「超乎預期」方向準備。比如我給業主看設計圖時，其實已經備好平面和 3D 設計圖，不只讓對方看平面，而是連部分 3D 設計圖也一併提供，好讓業主感受我的滿滿誠意。
- **積極學習態度**：永遠處在學習新知狀態，關注時下流行，知識永遠不嫌晚，工法永遠學無止境，學到了總有一天會派上用場。

生存法則 05 提案像在說故事，和業主溝通要有好應對力

縱使你有滿腦的創意，但沒有完美的提案簡報力與應變力，誰會願意交付大任給你？許多設計師是不善言詞的，當然也有人花枝亂顫，看似講得頭頭是道，卻有名無料。過去的我，很不善口才，常常在這點屈居下風，後來是經過不斷練習，讀大師經典名言、自拍影片練台風，慢慢養成我的說故事能力。

記住，說得一口好故事，也要有好文案提案力當生財工具，這樣才有辦法創造「商機」。

● 拆解大師名言

大師名人講過的金句良言，都可以變成心靈雞湯，激勵你也促成和業主溝通時的好工具，但千萬別只做到抄錄，要懂得舉一反三，架構一套邏輯系統，反芻成個人專用語。而這些名人經典語錄不僅可內化成自己的話術溝通，更可有助釐清自我風格走向。我愛的大師名句有：

● 密斯‧凡德羅（Mies van der Rohe）的經典名言鼓勵了我，也證實了我的堅持。

➡ 簡約即是豐富

Less is more.

我往簡約風格邁進同時，始終期望找出一詞，屬於靈性設計的高度，因為我希望我能創造出空間生命力，而透過設計孕育可以讓人感動的元素，密斯‧凡德羅的這句名言，用純粹的元素創造出豐富，並適度留白，給人思考的空間。

● 札哈・哈蒂（Zaha Hadid）的三句重要名言都深刻打動我心。

➡你不僅要相信自己，還要堅信這個世界值得你投身奉獻。

You have to really believe not only in yourself, you have to believe that the world is actually worth your sacrifices.

➡建築界中的女性一直是個局外人。我不介意，我喜歡處在邊緣。

As a woman in architecture you're always an outsider. It's OK, I like being on the edge.

➡我認為建築師所受的訓練，有助於預見 10 年、20 年後發生的事。

I think that the training of architects allows you to see what will happen ten years ahead of time, or twenty.

一直以來，我認為設計這件事，就是在設計未來，哈蒂確實對我激勵頗深，因為她的作品及事務所的現代化經營，確實也是設計的未來模式，跟著她學習，有助於一位好的設計者將眼光放得更遠，看到往後的 10 年、20 年，甚至是 30 年。

● 把拗口術語當日常對話

從學科到生活常識，唸過的書到看過的展覽，全都是知識庫的來源，至於該怎麼把這些資料轉化成有用資訊？很簡單，將它們口語化、生活化地潛移默化，直覺性的表達在你要說的故事（溝通技巧）裡。

例如，我不會直接和業主討論，根據人體工學，廚具規畫要設計成 85 公分高的檯面，反而是口語化地解釋一般廚具高度是 85 公分，但可以請某某先想想這樣的高度煮菜拿鍋鏟時，手肘會不會不順，要不然可以往上升或下降個幾公分。

● 一看就懂的簡報提案

設計感、整合性，文案的吸引力，這三大要素左右客戶買單關鍵。什麼樣的內容最容易打動業主？拿出自己擅長的優勢準沒錯。以我來說，3D 立面強過平面設計圖，自然先給業主立面圖好搶頭香，雖然我們習慣透過口頭解釋說明設計概念，但萬一客戶是先看提案定生死呢？所以你能馬虎嗎？想激增簽案機率，建議可以多個手繪稿，配合業主疑問現場畫出來，說服力更夠。

不過，菜鳥們，你們的手繪能力強過資深前輩嗎？年輕設計師是活在網路和大量軟體工具輔助的時代，純手繪技巧怕會弱了點，想贏過同業，請加強這份手繪感。加以雜誌化的排版頁面，圖片為主，文字為輔，更能吸引目光。有時候我的簡報提案不會開門見山直接討論設計概要，而是搭配情境式或意象圖片，再呼應使用的設計理念和運用技術，特別是談到預算時，大剌剌一頁只秀數字會使人緊張，多放些情境圖，可以緩和因數字而引起的緊繃神經。

但是也千萬別在企畫上大玩噱頭，視覺過炫過重的簡報提案，顯得內容過虛，那就壞事，仍然說服不了業主。不同案源屬性，簡報訴求也不同。一般住宅或許提交圖稿即可；若要競標公共工程，簡報完整度要更高，從設計概念、運用手法、預計預算等等都需詳細說明。

另外，面對企業公司或公共工程提報時，窗口會較留意你要如何呈現你的想法，將它實質化，所以在口頭報告時，設計師的自我介紹最好能快速帶過，趕緊切入核心。尤其是企業主會想來找你，表示對方已經對你感興趣或有一定認知，簡報重點自然以設計概念為主。

還有，現在流行知識影像化，不妨將簡報內容製成影片，用 3 到 5 分、言簡意賅切中核心的影片快速獲得回饋。有時，我在引用其他案件時，也會秀出拍攝好的影片來加深印象。畢竟口語表達若沒很俐落時，還可以用影片來扳回局面。

簡報提案比重圖

簡報提案以圖片為主，文字盡量少；時間最好控制在15分鐘內。
此圖以住宅案例為主，若是參加大型商業空間競標，
提報比例可調整為公司簡介5%、實績5%、
裝飾建議降為5%、參考照片為35%（內含情境3D模擬照20%）。

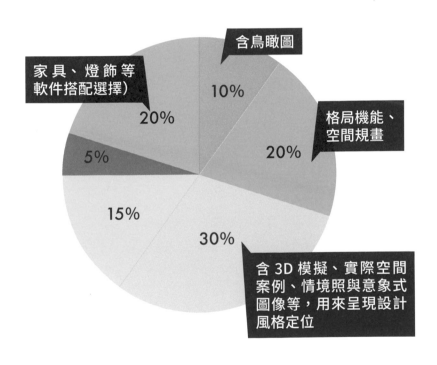

家具、燈飾等軟件搭配選擇）

含鳥瞰圖 10%

格局機能、空間規畫 20%

20%

5%

15%

30%

含 3D 模擬、實際空間案例、情境照與意象式圖像等，用來呈現設計風格定位

■ 平面圖　　■ 區域分配　　■ 參考照片
■ 影片說明　　■ 其他　　■ 裝飾建議

技能篇

室內設計師個個身懷絕技，靠的都是龐大資料庫

有一些事情看起來很花時間，感覺好像也沒什麼作用，其實效益在未來！知識之所以讓我們變得強大，在於願意運用它，而不是了解、懂了，就沒事了。

創業起頭難。在一開始沒有案源的狀態下，我先開 blog，從網路建立自己的設計「知識庫」。這些知識庫內容全為了接到空間規畫做準備。我常講室內設計像是個綜合格鬥手，什麼都要會，幾乎和雜技團沒兩樣。那是真的，我們被迫通曉許多知識與常識。

所學的技術，不見得一定要用在單一職業上。有時練習一項技術，不一定會用到，但多會一個技術就等於多會一種觀點，沒有人會說室內設計師不可以會攝影，反而多了一項技術，客戶更會因為你多元長才而肯定你。

高職畢業去婚紗公司當美工，因緣際會學攝影；在馬祖當兵的兩年內幫官兵拍照，透過人像攝影，光圈、取景、快門的練習，一直重複這些基本功，退伍後便去廣告製作公司上班，我所學的攝影技巧變成分鏡的最大養分，比別人更快更好，當然也影響我日後對室內設計的切入視角。現在想起，攝影之於我的室內設計生存之道，也起了點作用力。

Build up
Databases

藝術家好友優席夫常常跟我抱怨，因為阿美族的身分，大家看到他都會叫他唱一首歌，下一步是不是要跳火圈、翻筋斗了？外人常因有標籤認知，而推敲你該有的表現。反過來看室內設計，我們不能總以為客戶只跟我們講設計，如果你懂攝影，可以用攝影的角度談空間，如果你會拍影片、會寫腳本，超級斜槓，專業講得更深入及多元，客戶會不會愛呢？以我來說，我有很多業主必須做品牌行銷，因為我有廣告經歷，所以就分享「知識庫」，這對業主重不重要？是不是會更信任你？

多一項技術就能多個肯定機會，
室內設計從事得愈久，累積的專業學問也會愈多，
這些都是大寶藏，懂得系統化整理才是永續經營關鍵。

生存法則 06 技術資料庫數據化，日後輕鬆接單事半功倍

不少老同行常會犯的錯是，永遠把案子當單一個案進行，沒想過要分類整理，我說的不是按年分整理，而是從中列出每個案源的獨特性和相同性，這些都可當作日後新設計案的參考資料。

● 技術工法，隨翻隨找

沒實務經驗的菜鳥就吃虧在這兒，請勤勉地多讀書！大量閱讀工具書好熟記工法，或者有朋友親戚從事相關工作，不妨請益，正所謂讀萬卷書不如行萬里路，到工地多問問師傅或同行。我之前也是什麼都不懂，徵詢朋友同意後跑去他工地實習，親自感受。再來，趁年輕多學幾種設計軟體一定不吃虧，等於把會的技術全背在身上，可備將來不時之需。

● 常識性資訊補強效果佳

設計師不能只懂工法，還要懂生活常識，電影、展覽、美食，和現在的流行趨勢，包山包海的大小資訊屬於隱性常識，可用來輔助和廠商客戶的溝通。或許一時無法用上，但有話題出現時，感知神經會潛移默化提醒你使用。說白點，對建材很了解又如何？只是單講建材特色會吸引業主，還是告訴他使用哪樣最有美感？一點就知。

以前我特愛買書，什麼都看，不過有其目的性，菜鳥時我以工具書優先，是因為對工務一知半解，現在工法實務有底了，改煲心靈哲學和管理書籍，這類書可以為永續經營者打開另一扇窗，是因為我想讓設計路走得更長久。

01

02

圖01：Garmin的天花板模組，是經過幾次商空設計案得出的經驗值。
圖02：誰會想到要把天花板做成可拆式設計？我想到了。

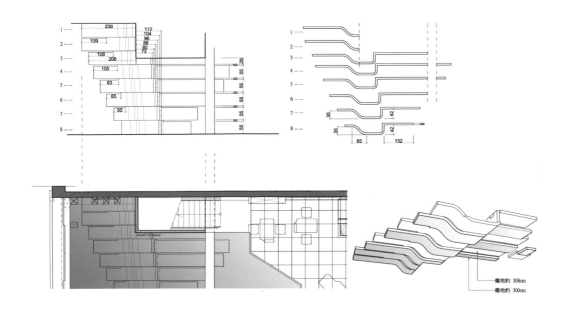

生存法則 07 型塑特色風格，系統化自己的經驗

常聽一些資深設計師哀怨做了十幾二十年的設計，總該替自己留下些什麼紀錄，一股腦想著出版作品集，最簡單，也好有個交代，其實我認為把作品資料化管理比較實際些，有了方法論何愁沒有結果值？

也奉勸菜鳥新鮮人，你們才剛摸索出道，趕緊趁機先建好模組，不用求神問卜就能讓未來路走得既順且暢。

● 案件式歸檔有助修正設計得失

扣除一定會整理的作品集外，還會多做一道手續。和每天寫工程日誌很像，剖析每個案件的得失改進，列表化客戶需求、工序、使用材質與成本損益，拍攝並記錄下每個施工階段，以供日後檢討，降低重蹈覆轍風險。案件資料庫分類建議：

● **作品集：**請專業攝影拍攝的作品圖。

● **已結案和未成案資料夾：**按年分和區域性替已結案的設計案分類歸檔，囊括所有相關裝修資料，包含設計圖、估價單、施工等子資料夾，未成案則詳列緣由。

● **廠商材料庫專區：**雲端連線，開放給廠商立即更新建材訊息，方便設計師隨即獲取最新資料，不用再拜訪聯絡索取，省時便利。

01

02 03

圖01：替每個案件歸檔分類，也是設計師管理學重要一門學問。
圖02：除了按年分歸納作品外，每回設計還可分類列出各式重點，像是壁面、櫥櫃設計等，作為下個案源參考。
圖03：詳加記錄每個設計案過程，不僅可避免爭議風險，還可有助設計師自我釐清自己的設計力進化程度。

雖然我們常說設計案是因人、因場域而異,特別是住宅案,不能用單一模式複製,不過有些基礎標準還是可以藉資料庫系統管理,找出同異性。好比我接觸過許多商業空間類型,有茶飲店、餐廳、牙醫診所等,就可按空間屬性區分一類,再針對不同屬性空間,細分為櫃台、天花、櫃體、動線格局等子資料夾,未來想找哪種資料都輕而易舉多了。

● 特色化自我專長優勢

與自己的設計定位息息相關。自己擅長喜愛的設計概念,定會鑽研不同手法表現,將這些可運用的手法分類,加以數據歸類做成資料庫,除方便日後靈活運用外,更有助未來轉型或進化成長。例如以環保訴求取勝,與環保相關的設計知識、各種工法與可用材料,分類歸檔;喜歡表現科技生活,就蒐集足夠資訊建立知識庫,像我一直在思考設計系統模組化的可能,想把天花板做成可拆式模組,未來就可當作天空元素設計招牌。

至於要不要將資料庫公開分享,就取決各位持什麼態度,畢竟這是資深設計師的祕密武器,有人還是怕被偷學,有的倒是很歡迎他人的批評指教。另外,這些資料庫還有個好處是,當有媒體行銷宣傳需求時,不愁回頭找不到資料應援。

Systemize

設計案資料庫分類表 vs. 歸檔流程

每個經手的設計案,都會有固定的歸檔流程,

從正在執行中,到作品區塊,每一層又可依屬性拆解資料夾分類,

這些資料同時灌養著設計的知識庫,猶如設計師的創意命脈。

至於資料庫的權限畫分,就端賴個人如何裁定了。

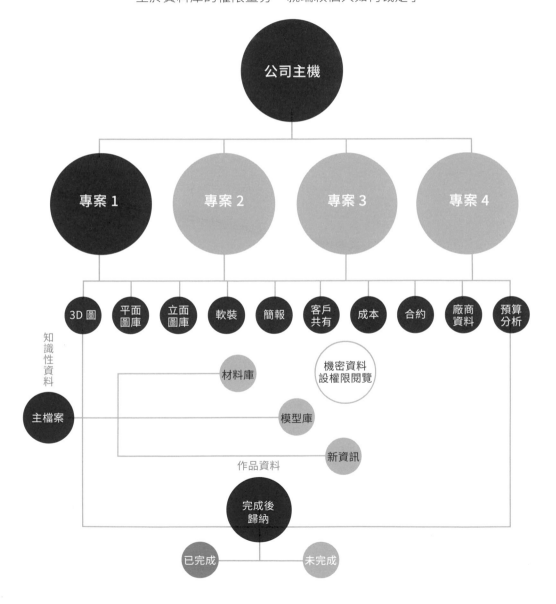

風險篇

有效控管風險才能避開危險

開公司，有形的管銷都看得出來，無形的管銷才是最恐怖的事。踏入工地，設計師的鷹眼雷達就要打開，留意環境周遭，包括工班師傅的一舉一動，因為人，往往最高風險。

聽過不少同業已經奮鬥好幾年，明明案源很穩定，每天忙忙忙，可真正賺進口袋的現金鈔票卻是微乎其微，做到最後根本沒利潤，甚至破產，原因在哪？不外乎沒有做好風險控管，該有的成本概念全沒有，只會落得一場空。

不光菜鳥、老鳥都要擔心財務風險控管，算成本、算獲利，設計師更害怕另一種風險：工地風險，帶來的損失不單金錢，還有個人品牌信譽，嚴重點更有可能讓人身敗名裂。我就是活生生的案例。

有一次遇到工班整理現場工地，記得已經叮嚀當日工作結束後需清掃，好讓屋主來看房子時，能見到乾淨整潔的工地，雖然工班把話聽進去了，可他邊掃邊把菸蒂丟進木屑堆裡，結果造成悶燒，被業主逮個正著，就此對我失去信任，原本有意這設計案結束後，會再介紹另一個案源給我，接下來的情況根本別想，一切也是覆水難收了。

事後回想，明明工班是我們都嚴加慎選的團隊好夥伴了，仍有出包的時候，若當時沒發現悶燒而失火，那我背負的可能不只是民事賠償，嚴重些連刑事責任都要負責。從那時候起，我愈趨嚴格加強工班管理，他們肯定也是風險控管裡重要的課題之一。

Risk of Management

**風險控管是一開始就要留心的生存法則，
從你要踏入室內設計的瞬間，從你要進工地的那一刻，
設計師時不時要懂得「算計」。**

我們初入行總會有夢想，回歸到現實，理想、夢想不是第一位，而是第二順位。尤其設計師開始掛名當老闆時，管理面大於設計面，盡量朝最妥善的成本管控。衡量著工地管理，計算著工料開銷，特別是涉及到「人」時，有時很難用科學數字來定奪，只能適度找到合適的立基點。

再明顯不過的，就是業主、工班師傅來跟你喊折扣或追加費用，儘管已經開宗明義講清楚，可偏偏還是會有拉鋸戰的時候，怎樣的報價才是合情合理，那就真的是溝通藝術，還有自己心裡的算盤打算要打得精。

生存 法則 08 搞懂成本與獲利比，看清楚有多少錢進帳

想要有獲利，請事先做好預算表，別到最後成了一門虧本生意。

● 成本評估

成本不單是有形的財務，無形的時間也是影響獲利關鍵，人事、物料與時間是成本控管基本盤。

● 專案時間期

設計案的時間長短會影響利潤損益，舉例 100 萬裝修是 1 個月完工跟要花 6 個月處理，孰賺孰賠？每次接案時，我會預做專案的時間評估表和實際執行時間對照表格，除了知道要投入多少時間心血外，也藉此整合工班進場時程調整進度。

一般住宅大致分成前置、溝通、工程與收尾驗收等四大階段，而每個階段銜接會有重疊時間。

- **前置期**：1 個月／場勘丈量、諮詢設計理念、繪製平面圖、簽訂設計約和工程圖。
- **緩衝區 a**：針對意見上的分歧進行溝通改善。
- **溝通期**：1 個月／討論與挑選建材。
- **緩衝區 b**：工程工法上的緩衝階段，對部分設計進行修改，或更改預定建材。
- **工程期**：2 個月／水電、泥作、木作、冷氣、軟裝等工序。
- **緩衝區 c**：進入驗收前的關鍵時刻，相較之前的緩衝區塊，時間橫幅相對高，主要在檢測設計成品完成度。
- **收尾驗收**：0.5 月／最後微調與解決驗收未達標準的枝微末節。

商業空間的工作期比住宅案短，所以在前置與溝通部分時間不會花太多時間，重心會鎖定工程和驗收，但往往風險性在進入工程期時，出現於未溝通過的問題上，以致得現場邊做邊調整，而扣除精品類和餐廳驗收較嚴謹以外，其他商空的驗收，求水電和設計氣氛有到位即可。

● 工料分析

業主總會問：「設計師，這樣一坪多少錢？」你回答的基準在哪？好！雖然我絕對不是工料分析高手，但很多設計師都會勤於找各個廠商，比較誰的價格合理跟品質可靠等，但很多人忘記，如果可透過一些計算回推，至少對工料成本會有些基本輪廓。不用每回都要來玩比價遊戲。

專案時間控管表

時間如何拿捏，考驗設計師的整合與執行能力，裝修工期拖愈久愈不是好事，

住宅案時間控管會以 3 到 4 個月最為常見，延至 6 個月是極限，

若超過，代表淨利有被稀釋風險。

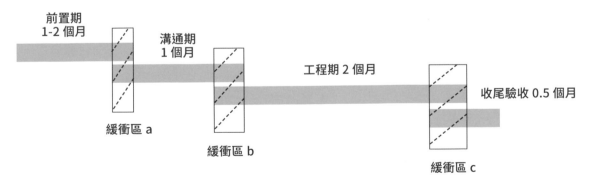

前置期
1-2 個月

溝通期
1 個月

工程期 2 個月

收尾驗收 0.5 個月

緩衝區 a

緩衝區 b

緩衝區 c

Cost
Down

就用簡單的四尺寬木作櫃子來打比方吧！一般木作成本可拆為：板材（櫃子板材）、五金（螺絲、釘子）、耗材（黏著劑或其他）和人工等四類成本。櫃子主體最需要的木板板材，會根據設計的長寬高量體來決定使用數量，當中還包括耗材損料部分，意即在切割過程中會有些板材裁剩邊角，無法構成合適尺寸。

另外，成本估算時，得將材料等級考慮進去，6 分的木芯板和 3 分密集板，價格自然有差。以四尺寬櫃來說，板材少說 1 片 2,000 元，簡易沒有特殊弧度的櫃子會需要用到 3 片板材，約 6,000 元。

鑲鎖櫃子需要的螺絲、釘子等，最精算的方法自然是算出會用到幾根釘子或螺絲，以其單價來加乘，但師傅釘鑽螺絲，難免會有走心的時候，若要一根根計算，怕很燒腦，通常會以 1「盒」來評估，假設以螺絲 1 盒 140 元，1 盒釘子 140 元計算，而製作木櫃需要的黏著劑，可列入耗材成本，所需的量比照五金成本，同樣抓 1 盒，預設約 300 元，四尺櫃的人工，至多 1 位師傅 1 天可以完成，1 天人資約 2,500，加總下來，四尺木作櫃的基本工料就要 9,080 元。

圖01：新莊國小圖書館的櫃體家具都是以可活動式為主，相對在五金零件部分，格外要求，估算成本時，需要留意。
圖02：新莊國小圖書館的桌下型藏書櫃，模組化設計方便日後拆解組合，設計的功能性和創新性也會影響到實際報價。
圖03：工料的估算對成本管理來說極為重要。圖為早期規劃的優格店。

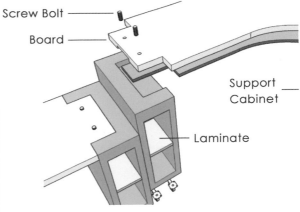

Screw Bolt

Board

Support Cabinet

Laminate

但是設計師你們會直接報價 9,080 嗎？業主有看過這樣的數字？記住我說的，工料分析是一個概念，不代表市場的的真正實際價值，只不過方程式的步驟是一樣的，因為回到市場機制，建材物料會有所波動，還得考慮到運送、關稅、人力勞務上漲等種種考量，報出的價格就會有所更動。業主看到這裡，應該也會心裡有譜，到底合作的設計師是不是亂浮報揩油。至於願意給設計師多少的報價空間，就是看彼此的誠信與溝通狀況了。

● 固定人事管銷

前面提及成立公司所需的開銷，當中的人事雜支是主要的營運成本支出。完善的設計公司人事體制基本包含財務會計、行政助理、現場設計師、設計助理，但一些「小而美」企業，會將會計和助理職位二合一，或者以會計為優先聘用，請評估自己能力以及案源的穩定，再來設想開設公司要請多少人力；別忘了真正的淨獲利，是要扣除人事成本。

● 無形雜支管銷

上述的成本很容易看得到，最怕無形的管銷一點一滴侵蝕你的淨利。哪兒來的無形殺手？可能遠地案場需要一天來回勘驗巡查，卻臨時變動，得多停留天數，交通補助、誤餐費用、外宿還有基本薪資全算在內，或許花費不大，可偶而為之，但長期下來有如忘了關緊水龍頭，積少成多的金額也是挺嚇人。

● 回推演算法評估獲利分析

設計師的主收入來源在設計費和監工費，我會每個案件根據業主的實際預算，回推拆解各項工序配比，當作專案的成本控管準則。

● 預估成本比例

扣除設計費和監工費後，根據需要的工種加以分配預算，如水電 20%、油漆 20%、系統 20%、泥作 20%、木作 20%，若有部分工序較複雜的，則提高配比反之下修。上述的水電、油漆等是基礎工程，部分案件另有鐵件、設備（如廚房、

冷氣）等工種需求，預算分配就得考量仔細。

● 損料估算

早些時候我為了想接下案子，刻意報漂亮的低價格給業主，反而忽略損料的預期風險。其實前輩都會提醒案場需要的建材物料別抓得剛好，至少預留 1.5 坪的損料空間，也就是 20 坪的天花用材就要估到 21.5 坪，避免建材毀損無法使用的窘境。基本我們都會預估 5% 以上的損料成本，但如果做工造型比較複雜時，會再提供比例，像之前替 Garmin 設計的曲面天花板，損料會更多，就會多抓到 2.5 坪損料費。

不少設計師會為了用漂亮優惠價格買到需要的建材，而多叫點料存放，早期我會多訂，寄放在建材行，有需要再去拿。不過現在鮮少這麼做，看看 COVID-19 肺炎疫情波及全球，油價、原料市場都在慘跌，建材用料自然會跟著波動，存料就未必是好事了。可以多叫料通常是有 5、6 個案量同時進行，能趁機壓低進料成本，可還要考慮建材材料也有保存期限，故請斟酌衡量存料的必須性。

● 預留備用金

備用金的用途在於應付急需現金流周轉時，我會預抓淨獲利的 10% 當備用金，不過受到大環境影響，風險變高，建議提高 15 到 20%。一般室內設計很少有現金流風險，因為除了人生第一個案件需要先行代墊廠商費用外，其餘的費用支出都是在簽設計約、付訂金後，以業主支付款項轉移到其他支出項目，即使第一個案件有代墊狀況，但業主付款時間也不會拖延過久，所以對現金流影響不大。不過凡事總有萬一：

- 公共工程的請款流程緩慢，若要先給付給廠商就得動用到備用金。
- 大型企業撥款開票，部分不會開即期票，真正入到荷包可能要幾個月時間。
- 建設公司的預售案尾款收款時間期更長，需等到完工後才會給 10% 尾款，建案通常要 2 年後才會落成，時間久自然會有現金缺口。

專案成本預設控管圖

最佳作法是每個設計案的淨利提撥10到15%當備用金，

亦有作法是在推估專案成本時，就先預抓備用金，

其餘比例則均分或配比給需要的支出。設計師需知道預備金就是以備不時之需，

不能任意提撥，一個公司能不能有獲利，就看管理者是否有效理出財務頭緒。

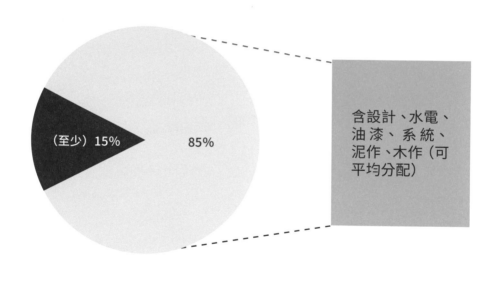

（至少）15%　　85%

含設計、水電、
油漆、系統、
泥作、木作（可
平均分配）

■ 預備金　　□ 其他

人未必是最美的風景，建立工班管理 SOP 才要緊

曾聽過施做木工時，師父現場裁割板材，不幸發生拇指被鋸掉事件。接公共工程，合作單位一定會要求設計師需幫工人投保公共意外險，反觀住家或一般商空則鮮少會投保，但我都會詢問師傅的保險狀況，替他們加保，先做好安全措施，總比發生萬一來得好。

● 工地風險與預防

特別提醒小白設計師，鷹眼雷達不是只有動工那一刻才開啟，面對施作工地，從準備丈量時就要留意四周環境：

● 檢查電梯、安全梯寬度，確保材料下架與動線問題，盡量減少二次搬運。因為多一趟搬運是會再追加工資，工時 1 天變 2 天，但有時設計師為了理想，會去分流下料，我曾為了做出 4X8 尺的辦公室門，而硬生生從樓梯搬運，捨棄電梯，人工運費自然跟著增加，但這也是我事先計算好可承擔的風險，並非突如其來的忽然追加。

● 協同工班再次場勘確認，確保進出料動線沒問題之外，可在現場推演適合工法與說明工程細節。

● 務必清楚管委會的遊戲規則，可不可借用公用洗手間？裝修期間下料動線軌跡的整體保護鋪設要做到什麼程度？等等注意事項，別到了施工當天，才來哭天喊地說這不行那也不可以。設計師苦惱，師傅更會焦躁。

● 現場場勘丈量尺寸外,最要緊的是要注意光線和座向,至少白天和夜晚各去一回,確認太陽光照度,知道光線明暗時間點和採光狀況,在畫製立面圖、開工前,還要再跑工地確認自己的設計有無盲點。

● 提前確認冷氣管線走法,因為涉及管線走法,到底是要包覆整個天花板好直接拉管,或者大膽裸露走明管用繞的?特別是建商的新成屋冷氣預留管線位置不當,既不能洗洞也不能穿梁套管,只好用繞的。曾經聽過一個前輩的案子,裝修時直接穿梁洗洞,結果 921 大地震後沒多久,卻遭到樓上樓下鄰居抗議,最後只得判賠。所以,梁柱在哪裡請一一摸清。

● 新成屋請檢查建商配套設備有無做到位,如確認馬桶品牌、廚房三機保固,我新承接的建案,幫業主檢測廚房設備,赫然發現櫥櫃打開只有磁磚,沒有底板,建商偷工減料馬上被抓包。

● 管線位置請熟記,有屋主想更改主臥室隔間,結果位置搬移到樓上住戶洗手間的排糞管下方,當樓上有人使用馬桶,樓下全聽得到,所以更改格局得多留意各項細節。

● 舊屋隱性風險多,最怕看不見的漏水,往往會在拆除後發現問題點,故現場多會臨時修改工程,請預留現場更改工法的可能性。另外舊屋屋齡 50 年左右,電力普遍不足,總安培數約在 50,請務必加電。但也有業主不想更改用電,請事先告知不改電的影響,別到裝修驗收後,才將過錯轉嫁到施工上。相信人總在最後一刻想翻盤,所以聰明如你,線路能預留就預留。

圖 01:設計影響層面是一環套一環,能和業主在每個環節作好確認與溝通,會比事後再來調整,更不容易有風險。
圖為冠軍磁磚內湖展示中心。

圖 02:現場勘查的注意事項既多且雜,設計師不可不留心。圖為冠軍磁磚內湖展示中心。

圖 03:管線位置影響格局動線,哪裡能更改,哪裡只能維持現狀,設計者需通盤考量。圖為冠軍磁磚內湖展示中心。

01

02   03

● 進工地施工前，務必請屋主陪同再做一次檢測，做好責任切割。後陽台排水孔、浴室洩水等全都檢測，一一拍照錄影存證，許多設計師和業主的爭執都在這些模糊地帶。

施工時，請在工班最齊的時候進場確認細節，開工和木工進料時最為重要，尤其木作進場，需現場確認板材尺寸是否切割正確，組裝有無照圖施工，都要在現場溝通確保無慮。不過建議菜鳥設計師沒事多跑工地。

看看拆除、水電、泥作、木工、油漆等工班師傅的工法，除了和師傅培養革命感情，也能多理解工序種類特性，日後協調工班排程更為順暢，等到熟稔了，就可慢慢交代工班每日以拍照文字回傳工程進度，畢竟設計師的時間分配到中後期會更緊湊，無法天天到工地報到。

● 紀律與工安息息相關

工地有很多神祕「事件」，設計師真要提高敏銳度，啟動鷹眼掃描四周環境，當你發現拆下來的螺旋燈泡破裂，別誤以為是毀損品，很有可能是吸食強力膠的工具！曾見過案場一位工人眼球布滿血絲，表情詭異，火速跟工頭表明撤換工人，原因正是他吸食毒品，留在工地會有太多難測的情況。

人身危險是要點，可紀律也是攸關工安的客觀因素。曾遇過傳統泥作師傅，做好浴缸時懶得將廢料搬運出去，直接塞進出水孔，造成積水，還有誇張到在樓梯間便溺，被鄰居檢舉。工地總會有一堆鳥事，需要設計師從民生紀律一路管到工安意外。

Don't Break
Rules

● 一切照合約來

很少設計公司會以白紙黑字和工班師傅挑明要遵守的規範，有時更認定工班師傅都跟那麼久，跑了無數案場，感情都磨出來，大家應該默契十足，何須白紙黑字，但是最有效的保障就是合約！

不過並非每個工序的師傅願意跟你「簽約」，裝修工程裡占最大宗的木作和油漆，較能以合約化形式約束，其他配合工作量低者只能口頭告誡。規則內容不外乎準時上工、不任意毀損使用業主浴廁的設備、維持工作區使用後清潔整理習慣、固定垃圾廢料存放地點、每日工程進度回報和拍照記錄等。若無法合約約束，可事先說明用扣款方式以示紀律的遊戲規則，讓師傅願意配合。

● 換工不撤班警戒紀律

設計師最大的無奈在於無法中途更換工班團隊，因為會嚴重影響裝修進度。再說，有可能新一批工人搞不清楚前期施做狀況，反倒更沒效率。頂多會將團隊裡的一兩位素質不佳的替換。我唯一一次整班換掉的經驗，就是前文提到的工人菸蒂沒處理好，造成悶燒事件，那時候工程都進行一半了。

法規篇

裝修法規是來保護你的，
不要因此傷人又害己

要當室內設計師怎能不懂相關建築、裝修法規？雖然麻煩點，但法律是種保險和保障，不是裝飾品。或許可心存僥倖，但一被查出問題，失去的不只是財務，也會把自己的名聲賠進去。

2003 年，台北市敦南富邑大樓發生一樁裝修工安意外，因工人抽菸不慎將菸蒂彈到裝有油漆調和劑松香水的桶罐中，造成瞬間閃燃，加上現場有木作師傅鋸木頭板材，木屑和甲苯根本是助火大隊，火勢一發不可收拾，設計師和工人兩人企圖從 16 樓跳窗逃生，結果雙雙喪命。

經調查發現，該事主居然未送審裝修許可，施工時，又拆除消防灑水頭，以致火災發生當下，不能發揮正常作用，影響其他住戶安全，這事件在當時鬧得沸沸揚揚，裝修的屋主也因此被求償百萬，賠給大樓住戶和管委會。隔沒多久，新北市蘆洲民宅也因為安裝鐵窗，導致火災逃生口被堵，而釀成人命。

連續火場事故燒出裝修工安問題。其實早在 1996 年，〈建築物室內裝修管理辦法〉已有明文規定申請裝修許可證的必要性，只是太多人貪圖行事方便，不認真照法條走，往往要有憾事發生，引起輿論抨擊，政府才會採強硬態度，藉機提出更嚴苛的規範。

Don't Break Rules

**2020 年的錢櫃大火，同樣也燒出消防安檢漏洞，
連帶讓裝修法條有所變動，室內設計不是想怎樣就怎樣。**

北市建管處聲明，即日起所有室內裝修案件，無論兩階段或簡裝，要發施工許可
證前，須拿到消防局的施工防護計畫核准函，所有室裝核准同時也要副本知會消
防局；大型補習班、飯店等商業空間，消防安檢更謹慎，沒拿到核准公文，無法
發放施工許可證。

即使室內裝修不用檢討消防簽證，也有相關法規要遵守。如此說來，室內設計師
還真要十八般武藝樣樣通，不單會設計，要有口才，對法律規範更要熟上加熱，
絕不是你想怎麼裝修就能怎麼改裝。好比下文介紹裝修案「維芯牙醫」，原本空
間登記使用的是倉庫，改成醫療院所又需要經過變更，裝修動工前的文書作業也
很瑣碎繁雜。要知道自己有沒有遊走條文模稜兩可的界線上，建議可至各「建築
師公會」官網查詢法規細節，因為沒事的時候沒事，一旦釀成風波，合法性問題
又會被再度檢討，只會讓自己變俎上肉。

生存法則 10 考證照、辦營業登記，讓自己走路有風

從事室內設計人數日益增加，沒考證照的黑牌設計師也因此為數不少。〈建築物室內裝修管理辦法〉規定，進行室內裝修時，除了純軟裝布置、油漆、鋪木地板、貼磚、高度在 1.2 公尺以下沒拿來當隔間牆的櫃子等，不需要申請裝修許可，其他改裝都需要向公家機關申請許可證執照。

不過按室內裝修申請流程，無論二階段或簡易室裝，都需要有相關合法證件，特別是二階段裝修需有建築物室內裝修業登記證、建築物室內裝修專業施工技術人員登記證、室內裝修商業同業公會會員證，以及公司營利事業登記證等，才能申請辦理。特別是新北市，所有的裝修施工許可都要採取「二階段」，而且費用頗高，現在約為台幣 11 至 12 萬左右。這什麼意思？要申照就要有營業證照！

明知如此，仍有黑牌設計師冒險接案，遊走在法律邊緣，業主也不以為意，因為要申請就得多花費用，許多人想省事省荷包，但就怕施工期間沒做好鄰里關係，遭鄰居舉報，方知鑄下大錯，也只能吞下罰單警惕。

隨著一些工安意外頻傳，難保日後室內裝修法律規格不會更加嚴謹，所以即使熟記〈建築物室內裝修管理辦法〉，也請為自己考張合格證書吧。現在的業主也多會要求出示證件，想在業內好好活下去，該遵守的法律還是要奉行不悖。

右圖：當具有規模的企業案找上門時，會需要以企業對企業的對等身分來處理，沒有營業登記證的個人工作室，是無法「合法」承攬業務。

生存法則 11 法律模糊帶，有商機也有危機會反噬

剛出道時，問過一個前輩，如何裝修可獲利達五成？又如何僅靠夫妻兩個人，就可做出達上億的年營業額，當時那個前輩只給了我一個答案：頂樓加蓋啊！

過往對頂樓加蓋並沒有特定法條限制，一度是台灣非常盛行的風景，所以有其設計商機，不若今日頂樓加蓋跟違章建築畫上等號，模糊空間縮小，雖然有「錢」途，可誰敢接誰就有踩線危機，畢竟是非法。

再舉一個明知不可為偏為之的例子，大家都很愛開放式廚房吧，但是並非每個地方都能改。〈建築技術規則建築設計施工編〉243 條規定，16 樓以上的電梯大樓如要改變位置或是牆體，必須提出施工申請；另外高層建築物地板面高度在 50 公尺或在 16 樓以上的樓層，燃氣設備必須集中，防火門窗與牆壁結構等，都須保留，換句話說在開放空間不能有明火，也就是開放式廚房不可行。但開放式廚房是多少人裝修的夢想啊，那怎麼辦是好？山不轉路轉，拉門式隔間區分出熱食料理區和吧台、半中島等機能空間。法規約束了設計，相對也能用設計來解決法規限制。

在室協公會擔任鑑定委員 5 年期間，相當有感法規對室內設計的重要性，令我詳細了解背後法源層級。相信仍有一票室內設計師在模糊地帶頻鑽漏洞，最常見紛爭不外乎陽台外推，尤其購買老屋裝修，部分舊屋早將陽台外推，之間的權宜拿捏，需小心何者可就地合法，何者有被檢舉風險。

還有一項常聽到的爭議陷阱：夾層屋。按建築法規定，建物夾層面積不得超過該樓層地板面積的 1/3，合乎法條者可是有產權登記當保障，而一般民眾往往忽視這層關係，將購入的住宅利用既有挑高優勢（超過 3 米 6 高），另做夾層增加使用

右圖：無論面對大型企業像是 Garmin，又或是接觸一般住宅案，該有的裝修法律常識務必謹記在心。

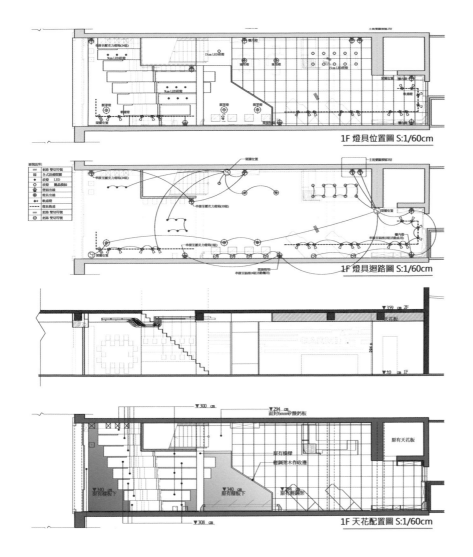

1F 燈具位置圖 S:1/60cm

1F 燈具迴路圖 S:1/60cm

1F 天花配置圖 S:1/60cm

空間，問題來了，這樣是違法的，被抓包可是會面臨拆出，甚至你還未正式動工，申請裝修許可時就會被打槍。雖然仍有許多室內設計師冒著風險做夾層。不過啊，小心夜半路走多是會惹麻煩的。

行銷篇

起步轉型全靠新媒體，學習當網紅

以前說人脈就是金錢，現在我說聲量就是金流，掌握數位行銷關鍵，設計師最好能身兼知識型網紅。我們真的要多運用網路媒體，尤其 5G 時代將至，誰能掌握新時代，就能掌握未來。

普普藝術大師安迪・沃荷（Andy Warhol）曾說：「未來每一個人都有 15 分鐘的成名機會！」我說不是喔！不只 15 分鐘。我當時只是突發奇想拍一支作品影片，看會不會更讚，於是就拉了攝影師去拍，自媒體是可以自由創造的。

在網路還是撥接的年代，我就已經開 Blog 帳號寫文章累粉，架官網傳遞設計理念，透過網路和粉絲培養感情，有業主就是因為看到我寫的文章而來諮詢需求。原本初步構想很簡單，我沒有太多預算可以買媒體廣告，只能靠網路「划水」慢慢找客源，方法不外乎：

● 透過大量的資訊、文字及影片或相關的訊息填充，建構一個紮實的社群網路。

● 分析最新的設計資訊及美學概念。

● Blog 立基點要跳脫商業模式，基礎認知是分享概念經營。

● 同步展現室內設計的專業度，接地氣刺激受眾黏度、養分量與聲量。

看看現在的傳播工具，老爺爺、老奶奶都會滑手機上網用 line 傳訊，還會玩臉書線上交朋友，80、90 年代甚至千禧年後的大眾，他們慣常接收資訊的接受器是網路，絕非傳統紙本媒體，室內設計的行銷媒介為何不朝網路靠攏？

Multi-media Tools

近幾年，我開始深入了解 YouTube，
看到那麼多的網紅拍影片，
我前半段的廣告影片製作人生告訴我，
速媒體世界影像閱讀正大於文字：

● **YouTube：** 鼓勵一般人都拍影片來建立自己的頻道，超過一千人訂閱時，開始
啟動分潤機制，當達到 100 塊美金時，YT 便會寄支票給你。

● **Facebook：** 改演算法，鼓勵大家不再寫太多的文章，而是要人開始創作影片。

● **IG：** 在仿傚 YouTube 開設 IGTV，可以播放長時間的影片，內嵌導購商業資訊，
互聯串流。

● **手機：** 高畫質影片在數位平台沒有用，HD 超過 1024 x 768 其實就不用擔心了，
買再貴器材跟硬體，其實都是一樣的畫質，數位根本分不出來；現在手機像素
就很高，搭配 App 剪接拍攝軟體，使用便利，隨拍隨上傳社群求互動。

● **低成本製作影片崛起：**過往拍片高規格費用大勢已去（以前設備器材都昂貴），但現在已經慢慢的可以透過簡單相機就能拍攝，任何人都可透過影片來傳達自己想表達的內容。

● **App：**有很多可以即時拍片跟剪接功能的軟體，人人都可以自己拍攝，隨時都能上傳一則經過製作的影片，自己就是創作版權人，因為只要內容都是原創，就可以成為一個影片的創作者，推廣自己的設計或產品。

影片變得極其重要，室內設計確實有跟進的必要。換個說法，大家都知道的網紅，他們的聲量（訂閱群）達到一定程度時，除了可獲得分潤以外，還可獲得廣告贊助，網路的快速、流量、聲量，相對大大提升知名度，相輔相成，廣告代言跟業配不就化為金流的重要關鍵了？但是我並非鼓勵設計師轉行做網紅，而是要反過來運用網紅的操作模式，為自己創造「錢」景。

再說，自媒體力量已遠大於傳統媒體，自己就能自我行銷，何須依靠傳統手法，跟雜誌買廣告、跟電視節目下單買置入？兩者花費比一比，設計菜鳥在收入未穩定狀況下，確定要把錢砸在回收看不見的傳統媒介上？資深設計師又知不知道主力的消費群是活在網路傳播的 80、90 新世代身上，一直用舊客戶心態預測，怎麼抓得到新客戶動向？接下來，我們來聊聊新媒體可以替設計人做什麼。

Social Media
Marketing

右圖：我許多客戶找上門，不少是先在部落格看了我之前的優格店設計，亦有部分是搜尋我上傳的設計視頻。

生存法則 12 上網分享文，是最好的行銷捷徑

處在網路時代，我想設計師不得不接受這個事實，我們遲早都是要去當「網紅」的，得運用新媒體，拋頭露面行銷自己。

● 知識型文章讓人了解你

我一直認為寫部落格文章很有用處，常常有人在我的部落格發問，跟我互動兩年後，建立起互信，才會開始跟我真正接洽，通常這類屋主的成功率都有八成以上。利用 SEO（Search Engine Optimization，搜尋引擎最佳化）排序，創造對自己有利的關鍵字搜尋，提升網路搜尋能見度。

菜鳥還沒有作品好分享，可以用上述零作品的網路行銷手段，自己畫平面圖破解格局難題，自問自答，反正就是要有原生內容，來抓住大眾好奇心。千萬別作抄襲事兒。

● 工程日誌製造口碑關鍵

慢慢有作品後，建議將每個案件製作成工程日誌，記錄下每個工序進行狀況，拍工程照、同時分析使用工法，這樣的內容很受消費大眾喜愛，寫工程日誌還有個好處是可以當檔案資料使用，未來要驗收或做其他用途都可兼具。等到竣工後，再拍攝美美照片當對照，透過網路分享，大家更可知道你的創作功力。

之前我在寫工程日誌時，因此接到許多竹科的住宅案，一個建案同場有 5 個案子進行，這階段是小白設計師製造口碑關鍵期，適合創造累積個人聲量，同步測試自己能否禁得外界考驗，事業能否長久。

圖 01：美麗的作品案例人人愛，最適合拿來當分享文使用。

圖 02：每回設計的平面圖、施工結構圖等，我發現這些圖面資料透過自媒體分享，其實很受歡迎。

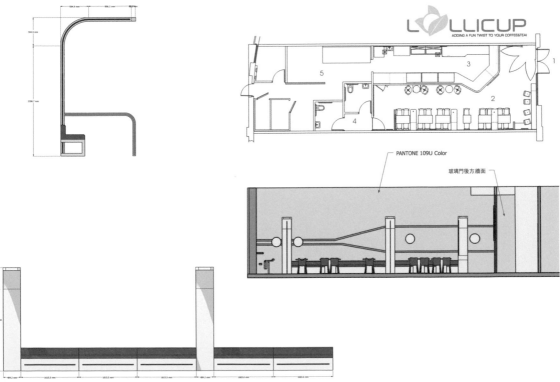

PANTONE 109U Color

玻璃門後方牆面

生存法則 13 網路行銷品牌形象 能幫你開流還能挑選客群

菜鳥是透過網路自媒廣找客群，有實力的資深設計師則是用來側重品牌形象的維持，客群對象早有特定取向，網路分享訊息主要功能是在篩選想要開發的業主。

● 工程日誌就是作品的體檢

對資深設計師而言，作品早累積一段時日，不太需要重頭來過用工程來招攬客群，但我很建議前輩可以趁機做體檢，回頭寫設計案的工程紀實，釐清自己是哪類型的設計師。把重心聚焦完成品，談美學即可。

● 客戶看上的是你的美學，不是你的工地知識

現階段的我不太需要在社群、自媒體分享工程日誌，因為業主和廠商對我已有一定信任度，分享重點放在作品的故事核心和實踐成果即可，有一群網路族群很愛感性式文章，所以我會嘗試以空間的情懷軟性抒發設計概念，但還是會提及工法，不過是採概念式說明，告訴大家新穎觀念。

畢竟設計師要做的是知識型網紅，不是娛樂綜藝掛；也有一派設計師走感性路線，但同是分享設計專業知識，至於想用哪種方式，端看每個人的性格。

● 放下偶包，化身素人網紅

大家嘴巴上會很下意識地說要用網路來行銷、要用臉書來打年輕族群，不過我周邊老同行實際能做到的，少之又少，因為絕大多數會認為經營自媒體很花時間、效益不大，而且不太清楚到底要分享什麼資訊。

上述部落格文章的歸類脈絡，提供不同階段的設計師參考。但對老鳥最大癥結在於自己偶包太重，不敢用自己名字在網路上「拋頭露面」，怕人說三道四。

但容我再提醒一回，現在是素人網紅盛行的社會，要敢才會紅，只要不涉及負面情緒字眼或爭議言論，什麼都能說。請老鳥放下偶包，比要他們經營網路行銷更有挑戰。

圖：現在主要行銷工具多仰賴網路自媒體，設計師可談工法，也能只談美學，前提是要先定位好自己是在哪個層級。

生存法則 14 影片懶人包，神展開你的設計美學

不同階段有不同影像內容作法，有人專攻工法知識，有人喜歡分享甘苦談，有人旨在傳遞美學生活。不管怎樣，不用怕粉絲或外界抨擊，只能在網路激起討論，愈多互動反饋，愈能達到聲量火花

● Vlog 影片優質化

文字型文章分享有助搜尋引擎找到和你相關資訊，不過如今視頻影像為大，不少設計師漸漸往拍影片靠攏，自己開設起影音頻道。

不過，影像拍攝分鐘數不宜過長，因為現在的人閱讀能力較不集中，超過 10 分鐘都會觀賞疲憊，而能不能在開頭前 3 秒抓住目光更是成敗關鍵。如果資深同路人本就嫌寫文字麻煩，現在又要拍影片更是心生拒絕，建議讓外包團隊來幫你吧，畢竟我們主業還是在室內設計。

● 善用網路世界的斜槓資源

拍攝完第一支影片後，我馬上上傳到 YT，傳播管道除了分享轉貼以外，還很認真的用 Line、WeChat 朋友圈、微博、電子郵件等各種方式傳送給我的朋友跟舊客戶，想辦法把傳播量達到最大化。

平台網路化就是有這好處，一種資源可以跨多元平台操作，加上社交通訊軟體如雨後春筍，傳播的頻道愈來愈廣泛。但設計師要學會使用那麼多平台介面嗎？倒也不必，抓住幾大主流平台即可，其他心有餘力再來嘗試吧。

● 用關鍵字讓自己變熱搜

下關鍵字很簡單，記得和你有關的行業，如室內設計、裝修、建築、設計等字眼一定要有，再來你的公司名、設計師名字是基本關鍵字，第二組進階版請列出和你設計特色定位相關的詞彙，第三組記得聚焦專題內容主題，耍點手段，現在的時事說什麼，就多一組當今時事，例如 COVID-19、口罩外交，都有助搜尋排名。

關鍵字泡泡圖

列關鍵字並非亂槍打鳥，坊間行銷課教學詳細，
僅簡單分享我的操作心得，關鍵字基本語彙分項不出以下三類，
其中尤以第一、第二類型最為廣泛。

I 直接相關語
設計師名、公司名、行業相關用語如陳鶴元、天空元素、室內裝修、建築、設計

II 進階設計事件語
匡列和自己定位相關形容描述如生活美學、極簡、有機流線、造型天花

III 時事流行語
搭順風車用。時下流行什麼，就跟著用什麼，如肺炎、口罩、社交距離、stayhome

創業篇

營業登記證在手，準備接大企業案

開公司確實是一個壓力，但相對的也是一種動力。合法的公司才能增加我們的說服力與專業力。

2008 年，我以 100 萬投資額成立了天空元素視覺空間設計；在這之前，有近四年的時間是以獨立設計師的身分經營工作室，剛好政府在那時開放相關證照的考試，當時評價正反兩面不一，有些人覺得必須考，有些人則認為短期看不到效益。

但最終我還是選擇去考試，因為畢竟一個合法的證照還是必須的，現在更證明了它重要的功能性。

很多設計師從公司出來以後，跟我一樣先以「獨立設計師」的身分營業，儘管都拿到設計師裝修證照，卻沒有成立公司。處在於簡單接案的狀態或許可行，不過個人工作室畢竟不是正規，真要走上一個比較正軌的方式，公司化還是必須的。

因為我們不可能只做住家，也可能有很多企業的案子，那就必須是以公司對公司的形式來進行，便有所謂的發票往來；想合法標案也得有公司登記，如果沒這道過關卡，連談談的機會也沒有。

Business
Management

事實上，證照就像是政府給予的權利跟通行證，
未來任何一個設計與裝修，
都需要靠證照來證明自己的合法與工作權。

愈來愈多業主也希望你有合法營業的證明，這對雙方都是一個保障，所以，眼光長遠點，還是成立公司吧！

但有個題外話很有趣，室內設計師很少會開發票給一般住宅案業主，因為有票據就會有稅收問題，往往設計師會在簽約時告知，將 5% 營業稅收轉嫁給消費者，由其自行負擔，而業主為了省預算，多數選擇現金交易方式。這很有爭議性，未來是否會被嚴格要求開發票呢？那難說了。接下來，我們來說說成立公司，要面對的生存課題。

生存法則 15 找人來幫你賺錢，不是幫忙花錢

一旦公司成立，就會有管銷和人事問題，該有的財務成本概念就該盡快上手，管理經營學勝過設計工程學；對老江湖來說，建立公司品牌後還要學會把招牌擦得更亮，要擴編？維持原貌？還是尋求外界的多元結盟策略？都是室內設計經營的一門大學問。

● 第一桶金，通常只夠應付基本開銷

開設公司當然要知道自己需投多少資本額，依個人能力範圍而定，我本身是從一百萬資本額開始，而花費不外乎是購置軟硬體；個人工作室時代，哪裡有桌子，那裡就是我的辦公室，一旦要成立公司，就會有商辦場租需求，接著是水電、管理費等雜項支出，更別提人事。

基礎公司開銷不外乎這幾項，同時須設想好預留至少 3 個月的流動支出：

● **電腦、辦公桌具硬體設備**：算入折舊耗損器材。
● **商辦裝修**：算入折舊耗損器材。
● **場租、水電、管理費**：基本固定開銷。
● **固定人事**：占公司支出最大占比，到 50% 都不誇張。
● **物料訂購**：設計案先期成本，在收到業主款項後，就可以回到基本資金運作。
● **雜支**：交通車馬費、消耗品（紙張、文具等）可大可小的支出，常隱藏無形的開銷成本。

設計師要當老闆，商務頭腦請打開，不因人員流動造成不必要的浪費，不因延宕太久的工期拖累整體營運。

● 草創期一個助理打通關

要先請設計師，還是請先助理？奉勸各位小白，我會先請一位得力「助理」，能夠處理大小事，協調廠商訂購與財務會計，外加懂基本繪圖軟體，方便我人在外跑案場臨時需修改圖面時，可及時發揮救援。這是公司營運最迫切的需要人員。

室內設計公司初成立，自己就是設計師了，真心建議不用先找設計師，來跟你同扛業績，除非案件量變大，需要有人來協助，否則該有的行政庶務工作又要找祕書來打點，等於剛開業就要投資兩個人事成本，這樣算一算，是不是很划不來？

人事結構規模比較表

微型小公司約5-10人左右，能外包的業務就外包。
超過10人以上在室內設計界就算大公司了，各部門的分工也會細化。

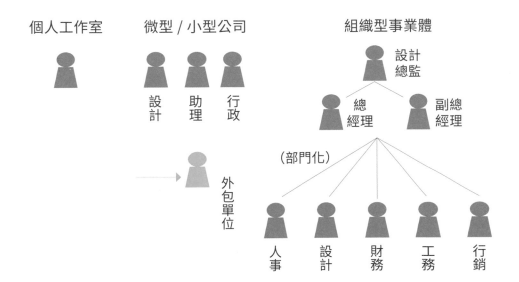

個人工作室　　微型 / 小型公司　　　　　　組織型事業體

設計　助理　行政

外包單位

設計總監

總經理　副總經理

（部門化）

人事　設計　財務　工務　行銷

生存法則 16 營業目標要實在，KPI 達到了才能安心睡覺

大家都說設計師是用藝術家的性格在經營公司，沒把財務數字放心上；但我說，設計師也是生意人，都開公司當老闆了，自然算盤要多算清楚。

● 外包共享經濟是營運新趨

設計公司最適當、合理的編制人數大概要多少才夠？就時下觀察，室內設計營運多是小規模，人員配置往往在 3 到 5 人之間，很少會超過 10 人編制，除非是建築事務所，在全球各地有分部駐點，才會達到百人以上規格，但這算極少數。

有些資深前輩以為公司案件量逐漸增大，就趕緊擴編人事，在這兒也一併提醒菜鳥，快速加增人手應付龐大案源固然是好，萬一後期年度設計案減少的話，多出的人事支出馬上就削薄了獲利。建議部分工作業務可外包給他人尋求合作，好比沒有時間處理 3D 建模，不妨外包給擅長繪製的設計人才，或是找個專人處理網路社群行銷，無須徒增蘿蔔坑補人事。

● 立年度營業額，精算獲利成長比

不管是初入行或資深設計師，一旦公司化，就要為公司設立年度營業額目標。根據往年收入和支出成本均值，估算來年營業額度，現在我還會多增加季營業額來觀察公司獲利狀況。

以我 2020 年來說，突來的 Covid-19 肺炎疫情影響全球經濟，連帶室內設計市場受波及，第一季度預估有千萬營業額入帳，可是因為疫情，很多案子都要改到來年動工，立即損失 250 萬，自然要趁快趕緊補回，不能等到年底再來計算達成率。屆時淨利虧損數字太大，想補洞，怕會措手不及。

圖 01：立年度營業目標，也要有季度目標，千萬別到年末才來計算獲利虧損，這不是好經營者該有的表現。
圖 02：設計公司要懂得賺錢，更要懂得行銷宣傳。制度裡的每顆小螺絲釘，各有其責。
圖 03：因為大部設計公司人事體制較小型，現在多以外包共享經濟方式，將部分工作業務交予合作單位共同運作。

● 公司品牌推廣預算不能少

一旦成立公司，該有的行銷推廣也不能少，須從獲利中提取固定比數的準備金當行銷公關支出，至於行銷費要預留多少，這項目就見仁見智了。

交友篇

工班和廠商是夥伴，
來幫你爭取最大利益

工班強不強是設計師的運氣，過往，業主希望我能做到的事，我不一定敢輕易承諾，箇中原因就是顧忌工班能力與整合性。「人」永遠是工程能否完善的最大要素，人不和事不成，雜亂無章的團隊創造不出好「品牌」。

回想起菜鳥時期，被工程公司捅的簍子讓人一朝被蛇咬，十年怕草繩，從那時候開始，我自行發包個別找工班，不再過度依靠單一工程團隊，也因為資歷還很淺，整合能力尚不足，出現了做完拆除還找不到水電，水電做完了還找不到泥作的窘境，所幸當時業主願意給我時間慢慢作業，有餘裕仔細找工班，以多比幾人不吃虧的想法去建構出理想中的工班、合作默契良好的廠商，與可以長期配合的工作團隊。

請記住作設計的，決不會單槍匹馬活一輩子，沒有跟你契合的工班師傅，很難實踐你的設計概念；做不出好設計，又怎麼要求業主開心買單？我前前後後至少也花了 7、8 年以上時間找尋篩選，不停地磨合看人，用無數次合作獲取經驗值，才有現在的固定工班。

We are
Teamwork

老實說，找到好工班簡直跟中樂透一樣，不是天天都在過年的。有了好幫手，也要會整合調配，有的工班是慢工出細活，有的效率高，該怎樣將他們放到合適案場，才能高度發揮，畢竟沒配好，好幫手也會變豬隊友。

不只工班師傅會影響你的設計事業，室內設計向來是個團隊合作遊戲，設計師、工班師傅、建材廠商三方關係密切，各自代表空間規畫需要的三元素：創意概念、工法實踐、物料供給，沒有提供好品質、好價格的廠商願意合作，光有前面兩者也白搭。

最近我嘗試開設 YouTube 頻道拍設計類影片，
積極找尋廠商共同合作，
一起透過設計案介紹優質建材，
好處是在建立設計師和廠商的互惠關係，
同時也推薦給需要的業主合適的工商資訊。

生存法則 17 強而有力的工班團隊，能解決大小問題

無論什麼工班都有好壞，不管是人際或自己找來都一樣，連網路搜尋來的工班都要很謹慎小心。設計師真的是要花時間來組織自己的工班團隊，動輒用幾年時間，或是好幾個設計案累積觀察，才有辦法窺探師傅的水準好壞。

● 挑工班首重素質

要說工班師傅會不菸不酒，還真的是稀有動物，無論設計師下再怎麼嚴苛的規定，還是有人會踩紅線。如果師傅真的無法不抽菸，又要顧到工班素質，我會在後陽台選個固定地方，讓他們抽菸，並準備好垃圾桶丟菸蒂。吃飯的飯盒能沖洗乾淨，工程期間能夠準時上工，不因前晚吃喝玩樂而耽誤工作，能確實遵守這些基本生活規範的工班，我會優先列入名單。

● 從簡單工程開始測試

當執行難度較高的工程時，工班第一優先選擇當然指定有做過類似經驗的比較好，但在磨合過濾可以和你長久配合的時候，先從簡單工程做起，像面試的小測試，慢慢一個個案子去檢定觀察後，就能大膽運用這位工班師傅，把他納入團隊名單！

● 責任態度大於技術

我會去檢查師傅用完他的工具設備後有沒有擺放整理齊、有沒有把東西清出來，離開工地現場時，會不會將使用的桶子清洗乾淨，像這類很自律的師傅通常技術不會糟到哪裡，因為施工器材是師傅的賺錢工具，如果不重視他的生財工具，怎麼可能多重視手上的案子？

圖 01：依不同設計案屬性，找尋合適的工班運作。
圖 02：工班團隊的默契不是一朝一夕養成。

若師傅態度是負責的，即使技術差一些我還是會用他，我看重的是他往後能否跟你一起進步；當你丟個問題出來，師傅會去想辦法挑戰，會找人協助幫忙，他個人進步了，設計師也會跟著進步。

● 真的！找對廠商可以省預算

記得我之前說過，菜鳥時期什麼都不懂，找外包工程處理工班和叫料等大小事，結果有利潤折騰到沒利潤，就是自己沒抓好各類控管，演變到最後親力親為，淨利價值還歸零。裝修案環節中的工料使用也是一門學問，牽涉到能否降低施作成本，遇到好品質的建材廠商，可以談長期優惠，畢竟有固定物料貨源可供給，不怕設計會出包。以我過來人經驗，多找尋可合作廠商，建立互惠關係，只有好處沒有壞處。

生存 法則 18 帶工班成長，讓工班也帶你成長

有時候跟你跟很久的工班，未必永遠不會出錯，只能說他們較懂你需要的是什麼，一開口，便知道下一步該怎麼做，甚至貼心地事先設想其他可能性，能做到後者這點，實屬好的工班團隊。不過真的可遇不可求。設計師前幾年的時間多在找尋、培訓自己的團隊，假以時日等到成熟穩定階段，那麼身邊的工班團隊是要可以跟你長久，一起進步。

● 工班教育永遠都是現在進行式

許多工班教育是要持續且耳提面命，但又不能過於嚴謹，必須保留適度彈性。舉例，大家應該知道部分工班師傅很愛保力達提神飲料，你不能全面禁止，只能建議酌量少喝。最近有個牙醫診所裝修正準備要動工，我找了 3 組工班共同場勘，明明都合作許久了，還是有師傅忘記疫情尚未結束，全程沒戴口罩。對一個醫療場所來說，沒戴口罩是很嚴重的禁忌，當下我被業主小念了一回，那組沒戴口罩的工班也因此被我刷掉。畢竟如果場勘都會忘記口罩，難保施工時會不會忘？

● 多找幾家，就當分散風險

一般同個工序的會有 2 組以上師傅，主要是避免調度出問題，多個案場同時開工時，設計師得確保師傅跑場不趕場。而且，每個工班特性大不同，有些求效率，不妨可用到要短期施作的商業空間；一些慢工出細活，作工精緻的，可以往高要求的設計案調度。記得別永遠只找一家，狡兔有三窟，雞蛋要分籃子放，才能分散風險。

除此，就台灣的室內設計環境，小設計公司很少會自己養工班，把師傅納入固定人事項目。不過對一些專作工程發包的設計公司，有固定師傅則是必要的，但人員也非無限上網，多半還是會外包配合。我有聽過老設計師的工班底蘊深厚，一跟就是 10 來年，由老師傅帶著新師傅一起服務。

● 一起成長的工班才是好夥伴

我有時候挺害怕傳統作法的老師傅,他們常會把「這不行、那不可」掛在嘴邊,
不求改變,畢竟我們的設計跟工法都會進步,特別是在中後期時,老師傅能否跟
得上新工法,或年輕師傅能否有足夠的技藝可以配合你的新嘗試,都是設計師不
得不思量的事。加上,廠商、工班的技術工法可能會比設計師早知道,如果想玩
創新,會需要有默契的工班願意一起實驗新工法。遇到會一起求進步的是好工班
團隊,那才是真的帶你上天堂。

圖:不能靠一組工班打天下,多備個幾組工班亦可應付同時接數個設計案進行之急迫性。

定位篇

業主會愛你，
是因為你的獨特設計力

唱跳歌手可以有 freestyle，但室內設計師要找到自己特有的 style，也就是最有自信跟最有優勢的那個自己！所謂的風格，指的不是設計這回事，而是用不同方向整合出特色。

很多設計師會說自己什麼風格都可以做，這句話再明顯不過，代表這個設計師希望什麼案子都可以接！可是，如果你的作品集裡有不同特色的風格，想要包山包海，會不會顯得沒有主題，讓人覺得沒有中心思想呢？

我剛轉入室內設計時，非常喜歡極簡風格，打定主意要用這個當主要基調，在設計推廣上，也都如此定位自己。開宗明義說我不做古典風，用直接的否定句暗示我的設計路線；我可以和你天南地北地聊藝術歷史，談義大利文藝復興、古典主義和巴洛克建築的特性，但就是不會出現在我的作品中，所以不會有喜歡古典風的業主，不明就裡的找上門。

在這裡勸告想挑戰室內設計的各位，並不是最初做好定位就沒事，菜鳥懵懂時期的設計特色曖昧，因為起步找方向，摸索居多；老鳥即使身經百戰，也要時刻求進化，不能拿 10 年、20 年前那套門路繼續行走。拿我當例證，一心想只做商業空間，但什麼都沒有的狀態下，沒工班沒助理全都自己來，沒商空只能接住宅案來練功夫，一路走來的極簡主張，從沒變調，近幾年慢慢將它變得更成熟，和時代潮流接軌，嘗試加入裝飾性元素來創造極簡的層次美感，活化設計的多元性。

Unique &
Special

2015 到 2018 年是我的設計能量爆發年，
第一次參賽就拿到日本 Good Design Award 優秀獎，
隨後又有德國 iF 設計大獎加持，
人生自此理當順遂。

但拿獎後卻讓我空虛起來，頻問自己：「然後呢？」之前便聽說過某國際總公司
的辦公室要改裝，挑選設計師時早先把拿過獎的給剔除掉，明明得獎會加分，這
時卻顯得很無奈，原來也有業主客戶是先入為主認定有拿獎的設計師費用會很高，
造成到現在和業主溝通時，都要先說：「我得過獎，但是我務實！」

設計師所做的一切努力不是要讓客戶找上門？這些年我才摸索出一個道理，拿獎
只是其次，能否讓自己的創作概念有市場區隔性，有差異化，抓住想要的客層才
最重要。

生存法則 19 風格建立的陣痛期，多聽多看多摸索找花路

每個人都有小時候，開始還找不到定位，這時的你需要吸收各類風格，幫助自己找方向，風格可以多挑一點，直接模仿也行。這是一種自我定位的練習，挺過去，成功就是你的。

● 解構大師的設計精神

我們的風格不是只有設計，切記還有生活，從很多事物去深入了解，培養品味，包括聽音樂、運動跟閱讀等等，去創造自己的特色。

坊間有很多關於設計風格等講堂，多多去聽成功者怎麼說，因為他們的風格取向通常十分明確。找到你喜愛的大師，以他當偶像，解構設計理念，轉成自己的定位特色。我會學習用大師的論述來支撐自己風格的定位，這在以後對業主闡述跟說服非常有用，因為人都喜歡聽故事，也會讓人覺得你走向這類的風格充滿深度。

● 將風格商業化

設計哲理是入世標準不是出世，要透過設計創造收入。說白話點，不少設計師太過堅持在創意，一定要做好做滿，但不是每個業主願意讓你實驗性的大玩特玩，有時我們得將自己的喜好專長變得更務實些，回歸市場性。

● 拿個獎吧！為履歷加分

獲得國際獎以後，這樣的名聲是否能幫我們獲得等值或更高的商業價值，來為我們的職業生涯創造更多的營收，直白點，就是獎的榮耀能不能為我們賺錢？現實很殘忍，多數不太能為我們設計師帶來太多的周邊效應，明明有一票設計師從業一輩子，沒參加競賽，案源依舊滿滿，充其量，對設計師而言，是一個高度的提升，履歷寫起來當然很漂亮，但並不是所有人都吃這一套的，對於屋主來說，都會怕

是不是「很貴」，或得獎的設計師真的就可以做好設計嗎？我想這個問題沒有肯定答案。

雖然如此，我還是會鼓勵有心想朝室內設計發展的各位，不用年年拿獎，職業生涯至少拿一座添個彩頭即可。而國際獎自有鍍金價值，當你想要跨向海外，想要走向「大師級」設計師的金字塔頂端時，設計獎會變得很重要，有些大型講座活動在找尋嘉賓時，也會先看得獎經歷及作品。下列這些國際設計獎很值得去闖闖：

一生要參加的設計獎

	德國		日本	美國
名稱	Red Dot Award	iF Design Award	Good Deisgn Award	IDEA Award
星價比	★★★★★	★★★★★	★★★★★	★★★★★★
參賽時間	1 年 3 次	約每年 9 月	約每年 3 月	約每年 4 月
網址	www.red-dot. org	ifworlddesign guide.com	www.g-mark.org	www.idsa.org/ IDEA
小提醒	▪ 請先評估自己的時間和對獎項的了解程度，想省事的現在有代辦平台可以協助辦理，從簡報整理到賽事流程，一手包辦。 ▪ 除了上述四大設計獎，中國內地亦有極具國際競爭力的獎項「紅星獎」，由中國三大權威學術機構：中央美術學院、清華大學美術學院、天津美術學院和 A963 設計網聯合發起主辦的 IDEA-TOPS 艾特獎，可值得關注。在台灣，被媒體稱為「全球華人市場最頂尖設計獎項」的金點設計獎，也不可小覷。			

生存法則 20 想開發潛在客戶？設計特色要時不時進化

人會成長，你的設計風格也會成長，若只停留在過去，過度自信，來找你的業主就永遠都是固定有限的客層。如同你一直強調自己是衛浴改造高手，找上門的業務會有豪宅的全設計嗎？換句話，你永遠接觸不到新客戶。

回顧我的極簡路線和使用手法，也是年年蛻變求進步。現在的我很敢用色，但很多人不知道我有假性色盲。高中畫圖時發現一些混濁色無法調配運用，當有很多顏色混在一起時，不太能分辨，讓我早期用色不太敢挑戰，都以不會出狀況的白色為主，導致極簡設計、色調很單一。直到以新莊國小的數位圖書館當配色實驗，跨出一步後，鮮豔色調才愈玩愈上手。

也因為初期認識的工法沒那麼廣又多元，即使我慣性會在空間裡使用曲線來創造層次，在線條處理方面較沒有大膽嘗試，是一直到從業後的中後半期，才慢慢轉換作風。例如，先開始嘗試，同時工法和軟體運用也較成熟了，慢慢拿曲線作文章，近幾年我又替自己的設計風格再進化，在極簡骨架下摻入裝飾主義。

菜鳥要磨定位，資深設計師想走得長遠，不該只想拉攏既有客源，應該要去思考如何開發新世代的潛在客層，最佳的武器非獨到的設計特色莫屬，更懂得替特色進化轉型，新一代的消費主力他們在意的是獨特性，你的設計定位必須在市場有區隔化。

右圖：新莊國小數位圖書館，可以說是我設計生涯的轉捩點之一，集合了階段性成果，也為往後設計奠立基石。

階段性成長分析圖

從半路出家，到今天有穩定的發展，以下是我這幾年的成長歷程。

| 2004-2008 | 2008-2012 | 2013～至今 |

自我磨練 摸索
階段，單人奮鬥
零助理，尚在磨
合找尋自己工
班團隊。

· 2008 年考上證照。
· 2009 年創立天空元素設計
  公司。
· 業務範疇傾向從住宅擴增，
  主力為商空業務。
· 2011 年思考室內設計大數
  據的可能性。
· 數位技術洗禮，研究光投
  影，作為後期養分。

· 業務範疇住宅商空公共工程。
· 鑽研新技術，AI 智能系統。
· 系統化發展商空設計模組，導向專利。

人脈篇

貴人一直都在，小心別錯過他

每一個願意介紹案源給你的人都是貴人，他們是你這個品牌的傳播者，也能讓你更了解現在的流行趨勢。馬上翻手機裡的通訊錄，跟朋友約個時間碰面，喝喝下午茶吧！

22 歲時，我不理會別人說了什麼，決定自己出來闖闖看，印了名片「美術指導陳鶴元」，連同一些過往的作品集到處發放，終於得到在一部片擔任美術的機會，雖然實際上是前一個美術不願意做，幸運女神眷顧，才輪到我，但我沒有選擇權，只能去做好它。

時候到了總有貴人相助，至今我仍深信不疑這句話，當時前一個美術沒有好好交接，而距離拍片日期只剩下不到兩天，整個場景是空的，而且我還要負責道具等，我坐在片場苦惱著，忽然有一個人走進來，問聲怎麼了？他是這部片的導演。聽了我的難處，又知道我是他的學弟，於是導演帶著我到片場的辦公室畫起場景圖，美術底子十分深厚的他，頓時讓我完全開竅；接著，他再幫我延後一些時間，這樣我總沒理由說不做了吧？

整個過程，導演就像個巨人，穩穩的擋在前面，一一教導我作法，讓我的場景圖畫得更完整，在片廠的那段時間跟工作人員的感情也更緊密，拍攝過程中空檔，他也拉著我到處去其他場棚串門子，大聲介紹說我是他「這支片子的美術」，就這樣傳開了我這個美術指導的品牌，讓我在 27 歲前都穩穩的以此頭銜接案子。

Who can
Help?

進入室內設計後，每個業主絕對都是我們的貴人，
他們會幫忙穿針引線介紹新案源，
對我而言，新莊國小校長可以稱得上設計生涯的大貴人。

我很謝謝第一個讓我設計的業主，他願意大膽嘗試新人設計師，更感謝新莊國小
校長使我的設計有了轉捩點。他透過搜尋網路資料見到我早期規畫的優格店商空，
找到了我，一陣交談下，建議參加學校數位圖書館工程標案，後來順利拿到工程，
這項圖書館計畫也獲得日本 Good Design Award 設計獎。

自然有人會極力參加各式組織社團好建立人脈關係，這點我不否認有其效果，就
像我考到設計師證照後，隨即加入公會擔任鑑定委員，期間收穫頗豐，對法規的
理解、認識廠商的快捷徑、和同業間的彼此交流等等，譜出自己的貴人圈。

生存法則 21 人、事、組織 都是設計師的貴人圈

有時候，我們認定的貴人，未必只是人，組織、事件，都可能替室內設計師帶來各種潛在與直接價值的反饋。

● 業主是最直接的金流

合作愉快，為彼此留下美好印象的業主，是絕對幫設計師良多的貴人，我有不少作品是業主居中介紹引薦。像我都會在設計案完成後，請專業攝影把空間拍攝得美輪美奐，分享給業主時，順道請他們幫忙推薦，通常業主看到美麗照片，往往會很樂意。

榮獲 iF 設計大獎的新竹住宅是我的業主貴人團代表，我已經幫這對夫妻前後設計兩戶住宅了，而他們來找我時，還會一加一再多帶一位業主來諮詢規畫，林林總總加起來，他們介紹快 4 到 5 人。

我早些年的優格店商空也是幫助良多的貴人之一，遠赴美國的樂立杯店、新莊國小數位圖書館案件能成行，都是先在部落格看到作品，自動來聯絡。

● 當廠商的貴人，讓他成為你的下個貴人

廠商未必會直接介紹業務，是屬於最尾端的貴人圈，除非直接邀請你操刀設計展示專門店，但往往機率不大，即使引薦裝修設計案，對方很有可能會同步諮詢其他設計師。所以廠商貴人扮演的角色，是間接互惠關係，可以讓你在第一時間知道市面新穎建材資訊，或代為找尋合適資源，好比想找特殊工法的師傅，廠商的人脈網比設計師更四通八達。

● 社交圈的人脈引薦

以前我還一點都不想參加公會，不覺得有何好處，不過公會組織仍有其優越之處，業界廠商的新資訊，和設計有關的相關法規變動，都可以快速擷取，另外公會也會舉辦固定聚會，好比講座論壇等，可以從中建立自己的人脈關係，同時增加些許知名度。

此外，擴大生活社交圈，好比接受邀約演講、參加 BNI 聚會等，可以讓組織的人脈引薦更多人脈，不過前提是以交友為基礎來進行，如果直接把利字放中間，你的人脈網絡會更顯得脆弱。我曾到新北市鶯歌的社區教學，談活化商區店面，因為和聽講的社區攤商相談甚歡，有店家第三代直接開口問後續能不能找我，有了引薦還怕沒有作用力嗎？

● 用他人案例事件換經驗值

加入室內設計公會擔任鑑定員，因為一年會接手 2 至 3 個設計糾紛鑑定案，收集相關資料作為日後調解使用，公會通常會將這些調解事件集結整理，分享給公會會員，避免未來有類似事件發生，好保障業主與設計師雙方權益。經過數年下來累積的觀察，可增加實務的經驗值，等於拿別人的犯錯本當警惕，避免自己犯下相同過失。

Social
Benefit

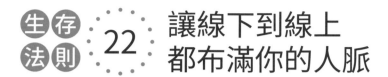

生存法則 22 讓線下到線上都布滿你的人脈

同行不會給你直接利益，但樂於牽線。那些願意跟你分享者，都是潛在的貴人族群，傳統觀念總是同行相忌，連分享可能都吝嗇，擔心利害被分割，不過這觀念正逐漸被打破中，一些新一代的設計師都很樂於共享，大家相互取利。

● 同行不必相忌，但別忘了相助

我聽過一個例子。業界有位設計師早期發展得不錯，表面上案子接好接滿，但後續不知為何開始止停，案子沒再進來，之後還是靠同行的設計師因為業務量無法負荷，才轉手給這位設計師，說起來幫忙轉案介紹的設計師，不也是這位職場生涯卡關人的及時雨？

我也有同行設計師引薦的經驗，多虧她在冠軍磁磚廠商面前說我好，引起廠商關注留意，讓我獲得對方內湖展示中心的改裝機會。

● 線上與線下的人脈經營

菜鳥設計師論起社交力，也是不輸資深老鳥，只不過菜鳥慣用途徑是網路，透過線上串連自己的人脈網與資源，老鳥的傳統管道則是像扶輪社這類團體，現在要反過來，資深設計師要學會從線下轉到線上經營資源，鞏固好既有勢力。

右圖：要想拓展資源，建立好的人脈清單是一定要的。尤其是設計這一行，很多都是靠人脈互相引流介紹。

貴人關係作用圖

口碑和知名度是案源增加的主因，但在此之前，
別忘了，合作廠商、工班，正在進行中的業主，
其他同行設計師，都可能是你的貴人，引發的效應各有不同。

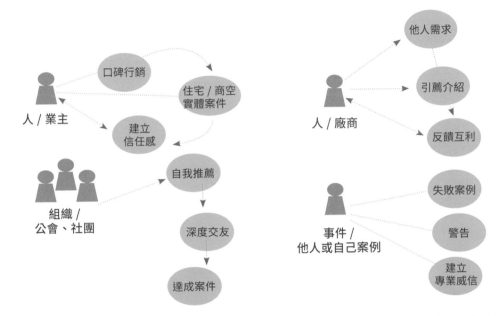

溝通篇

進退有據要技巧，沒在分菜鳥或老鳥

沒有很好的雙向溝通能力，再厲害的專業也沒用，說不了故事的人，故事也不會為你而生！有時候不能說業主不了解我們，應該反思我們是否認真跟業主說明立場，Say No 有時候也是在 Say Yes。

就在這一陣子吧，有個業主經過眾多回合的溝通後，感覺應該可以順利簽署設計合約，但始終簽不下來，最後才知道原因，原來他覺得我沒有給他詳細的設計解說，他擔心看不到滿意的成果，卻白白花了設計費，希望我能先拿簽約後才可繪製的設計詳圖說服他。

這時我強硬拒絕，清楚說明拒絕的原因是因為業界規則 —— 簽約、付費、給詳圖，我不能單方面破壞，再說我非常愛惜我的設計，請業主也尊重我，最後他還是願意把設計交付給我。

我們往往為了案子不敢跟業主說清楚規則，但一再退讓的結果可能還是會失去案子，或接到以後被予取予求，因為一開始就退讓了，業主當然會想辦法移紅線，然後站在最有利的位置。

每個設計師都應該遇過追加預算的情況，並非每位業主都能同意，他們願意增修調整設備項目，就是會對費用頗有微詞；我曾遇過業主要在廚房加裝廚餘桶，送上追加單得到的回覆是：「早知道要多錢，我就不加了！」原來當設計師的偶而要「免費」服務一下。

Communi-
cation Skills

同行友人的追加費用更是離譜。替某竹科國外廠辦設計，多出 2 千多萬的支出，對方卻不認帳，只好訴諸法院調停，先拿出 700 萬保證金申請假扣押，才拿回追加費用。但不是每個設計師都口袋很深，何況是傻傻靠衝勁的菜鳥，手頭上是有很多準備金嗎？會造成溝通上的認知差異，原因很簡單：

● 業主計較的是金額要少，能花愈少愈好，CP 值愈高愈好，背後風險是其次。
● 廠商計較的是費用拿得少，付出的卻太多，實際利潤壓過低。
● 設計師計較的是廠商報價高，業主會東扣西扣，或這邊凹那邊拿。

各方凡事都是「我以為」、「我認為」，
忘了設身處地換個角度替對方想，
導致後續溝通落差，意見逐漸分歧。

懂得適時的 Say No 跟堅持自己的立場，其實才會讓人更尊重你，太多的退讓只會讓人覺得你是一個沒有原則，或可以隨時更改原則的人，這並不會為你帶來好處，相反的，可能會為你帶來災難。

生存法則 23 讓步太多變沒原則，強硬立場會兩敗俱傷

你找水電配線會不會請水電幫忙看其他的問題呢？看一下不會少一塊肉吧！如果屋主只是多跟你要一盞燈泡，你還要遞上追加單請款？設計師常會被凹，被要求東要求西，我們也會凹下游的合作廠商，在讓步與堅持間，有時不是二擇一的選擇題。

● 偶而被吃個豆腐，退一步海闊天空

建議你，生意永續是生存之道，一時的金錢損失不是重點，所謂的禮輕情意重，偶而給個小服務換到後續長久情誼，何樂而不為。我在畫設計圖時，都會先畫好各式立面圖，雖然簽設計約階段前通常只能看到平面圖，可我還是會釋放點立體圖面讓業主有想像空間，業主也會覺得這位設計師有多想，服務挺周到，而跟著提升對我的信任感。

畫圖事小，室內設計最容易被吃豆腐的地方，在都已經竣工要驗收了，業主才開始挑毛病，想砍設計工程費。會發生這等種事，可能設計不如業主預期，那麼再怎樣都要修正到最好，以順利申請尾款。另外就是人性考驗，業主就是不想多付錢，所以刻意挑三揀四，通常我會小讓步，在能力範圍內給點折扣，取得彼此認同的價格，若要硬爭執不扣款，只會兩敗俱傷。

● 拿捏好婉拒的時機

請記住，多數業主都會不斷跨越紅線，探知設計師的可容忍程度，而業主所要的，不外乎物超所值的感受，可以多點附加價值或服務。雖說偶而要退一步，但有些情況是設計師也要勇敢婉拒，堅守住自己原則，千萬別因自己經驗淺、怕得罪客戶，而什麼都不敢說。

● 絕不削價競爭

曾處理過一椿透天厝的設計糾紛案，屋主認為設計師當初以 90 萬元承接，卻給了不良品質，最後鬧上法院。平常心看待，兩造雙方皆有過失，一個是貪小便宜，一個是削價競爭，透天厝全裝修怎麼會只需 90 萬？菜鳥設計師可別想要搶案源，就四處給折扣價，一來會壞了自己在業界的名聲，二來壓低了價格，想提高獲利，相對便會去擠壓背後的工班與用料成本，變相地「偷工減料」，最後只會磨掉業主對你的信任感。

其實台灣有一段時間有幾個亂象，免設計、免丈量司空見慣，最誇張的商業手法是給工程後還會退還設計費，就是很明顯的削價競爭。

● 預算不足卻要高規的別答應

另一種類型的削價版本，許多業主提出各種想法，遲遲不肯告訴你實際預算，讓設計師最後在規畫平面配置時，錯估形勢，真的變成瞎忙一場。所以在正式進入設計時，我定會要求業主提供正確預算，評估可行方案，絕不會到最後才來對預算將就。

● 無法全面監工能不接就不接

我在監工時，會堅持要求所有工班由設計師主導，不會將部分工種交給業主自行處理，除了冷氣外部廠商是唯一可能外。不少業主會想省預算，找自己的親戚朋友發包部分工程，對設計師而言，會有難以掌控品質的風險，一來該工班能夠跟上設計師的工法需求嗎？二則現場工地若發生意外，本來肩負監工職責的設計師很難和業主釐清權責問題；三是如果工班和設計師有爭執點，工班跑去咬耳朵，那真會公說公有理，婆說婆有理。

Insistant
Attitude

● 不碰經常反覆變更、貪小便宜的業主

我常說每接一個設計案都要做分專案管理，管理財務成本、做好時間控管，當設計已經數度變更，失去既有進度不打緊，原本的創意概念全都走歪變形，失去初衷，我會選擇和它說再見，繼續下去只是徒增時間成本，換算專案績效會降低淨利，所以請把精力放在更好的案子上。

如果遇到的業主是貪小便宜類型，那更千萬別硬攬下，這種和預算不足沒兩樣，甚至還要做一送五，那就是賠本生意。設計師常常被說不會經營，就敗在「感情用事」，感性大於理性。但再說一次，設計師不是藝術家，也要當生意人啊！

● 不做法規外的室內設計

設計師請好好遵守建築物室內裝修管理辦法以及相關法條，勿做違法裝修，避免日後紛爭。以我個人為例，堅持不做夾層屋；因為法規早明定夾層屋的限制，合法夾層僅限一樓或頂樓，若利用二次施工擅自施作，一旦被檢舉將面臨拆除命運，得不償失。與其跟名譽過不去，我寧願和錢財過不去，不硬賺違法案。

圖：很多時候客戶要的，是一種服務態度。設計寧願多想，也別漏想。

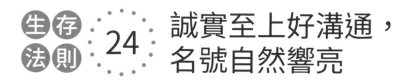

生存法則 24　誠實至上好溝通，名號自然響亮

我的同事與客戶溝通時，很習慣講：「那個還好啦，簡單隨便弄弄就好！」會說隨便弄弄，是因為同事已經很熟工法，知道該怎麼處理，才表現出一派輕鬆自若。說者無意，聽者有心，客戶聽到「隨便弄弄」，並不清楚背後有熟稔技術撐腰，直覺反應你就是真的是隨便。

● 沒有什麼是「我以為」

和客戶溝通過程中，設計師更害怕「我以為」的預先設想，造成雙方溝通落差，導致後續設計不到位。舉例，裝小夜燈這檔事，我們很習慣認定是裝設一般插座型，但我也犯了「自以為」的過失，因為提出需求的業主很喜歡 AI 智能系統，空間設計中的燈光系統已經朝智能控制著手，所以連同小夜燈也需要符合智能標準，這就是疏忽之處。所幸及時調整，救了點分數。

夜燈事小，若溝通認知落差太大，可是會砸鍋，日後也別想再接這位客戶案子。相對也請各設計師隨時提高敏感度，認知不同發生前都有預兆，務必做好溝通後的再確認，才是真保險。

● 風險可以提前告知，不能事後爆發

設計師可以當好人，但不能是濫好人，該告知的風險評估就要據實以告，從空間規畫限制到用料選擇，別有「先接再說」的念頭，萬事都留到日後再來協商，只會傷了彼此和氣。以下列舉幾個常發生的風險評估：

01

02　03

圖 01：良性溝通可以避開不必要的誤會。
圖 02：誠實告知客戶風險評估，千萬別為了接案，亂應允。
圖 03：設計者若過度自以為是，會犯了前面說過的自大弊端，最後只會害了自己。

To be
Honest

● 業主想要的國外限量傢俱難進口

能不能用進口傢俱,當然能!可有時候會有貨運船期問題卡關延遲,可能拉長裝修時間,業主能不能、願不願意花時間等?都需要提前告知,有些人因習俗關係,入厝、開工會看吉日,要他等下去怕是會跳腳。或是傢俱根本無法引進,就別隨口允諾,請事先預告,讓對方有心理準備。

● 已經簽約但材料價格漲價

我以前發生過簽好設計約了,偏偏材料又漲價,那要不要跟業主多收費?建議事先告知外,還要在合約加註說明。

● 想像與實際完成總有差異性

和業主一起選建材，通常會用樣本來挑，設計師對建材已經很熟悉，可以在腦袋裡勾勒出形體輪廓，不過請體諒業主，不是所有人都能看著小小方塊樣裡的材質紋路去延伸實際輪廓。選材時，務必說清材質特性，別又落入「以為」大家都知道的迷思中。還有，業主心中想要的建材未必適宜該設計案，能否有更好的話術來溝通協調，也是一大考驗。

● 業主要的就是售後服務

室內設計是在做人的生意，把人處理好，才能進行到下一步。請記住專業工法是為了得到案子而準備，面對業主時仍是要溝通至上，不需要把專業技術常掛嘴邊。讓業主滿意了，他才會當你的貴人，願意再幫你引薦，為自己創造正聲量。

● 「好」設計創造滿意度

可分兩層次，一個是空間視覺上的設計美感，一個是符合業主需求，他喜愛的設計，如果做出來的空間酷炫，卻無法實現業主提出的需求，那表示你沒有重視他的提問，沒有打破他的盲點。

● 服務熱忱

設計師沒有絕對百分百完美，但你的服務態度可以左右業主的滿意值。換言之，你是否解說得夠詳細，是否表現出處處替他著想，也積極尋找解決方案的態度，會左右業主對你的觀感，即使發生小小見解不同，對方可能會視情況而定，不再追究。

再者，售後服務做得好，相對降低你在業界的負評，業主或許不會主動幫你拉業務，但擁有負聲量的話，這類「推廣」會變有害，沒有人願意找上門。特別是經由介紹的案場，一個 SOP 沒溝通好，像是清潔保護、沒確實理解客戶透露的資訊，很容易落人話柄。我們常常陷入迷思就是好朋友介紹的案件，自以為好溝通，反而遺漏掉該注意的事項。

成長篇

人往前走,技術也要向前走

新科技是來幫設計師思考向上提升的工具。千萬別當後知後覺的設計師,你真的搞懂 AI 智能、PM2.5 對現在業主的渲染力了嗎?

我和多數設計師不一樣的地方在於,相較 3D 立體構圖,較不愛平面設計思考,因為我的思考點是先從立體出發,所以剛出來當室內設計時,學 AutoCAD 有點辛苦,而早些年 AutoCAD 的軟體技術也沒現在先進,它的出現更不是為了室內設計存在,主要是給機具工業設計使用,所以我那時用得很辛苦。

一直到有容易上手的 SketchUp 3D 建模軟體,大概是 2009 年時吧,距離我入行已有 5 年時間,才讓我的設計功力得到助手,畫起圖來更得心應手,一次解決所有問題。原本要畫造型櫃的設計圖,單用平面圖解釋怕難聯想實際樣貌,造型曲線的彎度立面更難表達,但是用 SketchUp 一口氣解決,客戶好懂,對設計師來說更能精準抓到成型的模樣,比起最早的 3D Max 建模,提案更順手順心。

比起過去沒有好建模軟體協助、純靠手繪的年代,
老設計師可是在現場打版切割,
邊做邊抓弧度,靠長時間累積出做造型櫃的經驗,
新軟體的出現節省時間,減少誤差頻率,
是新世代室內設計師的小確幸。

Move on
a New
Future

還有套設計軟體，Zaha Hadid 用來實現她有機曲面建築的 CATIA 系統，我最近也在學習，好幫助我的設計不再侷限於方正型體，可以將有機線條發揮得淋漓盡致，再將數字參數輸入 CNC 加工機，裁切組裝想要的曲線模組，達到過去沒法實現的創作概念。

但是一味鑽研新設計軟體就一定站穩室內設計圈？不，你還要懂未來趨勢，時代科技在進步，室內設計的軟體和物料也在躍進中，把這些知識變常識，絕不能拿 10 年前的技術工具來和你的客戶業主溝通，他們懂的可能比你多，跟上他們節奏，你才有辦法掙到業績。

再舉例，傳統室內設計會用黑板漆來創造塗鴉牆，但遇到科技派業主，或對粉筆粉塵過敏的業主，還要用黑板漆嗎？還是可以選擇奈米銀導電膜做的屏幕，直接手指觸碰塗鴉？答案呼之欲出。

生存法則 25 老鳥學軟體懂基礎就好，時間請多花在歸納經驗值

資深設計人的時間不該再花在學精新軟體上，而是要把時間留給自我檢視，換取永續經營的可能。

● 搞懂新軟體不如找個好助理

老一輩設計師是用長時間換經驗談，在沒有新科技儀具協助下，全憑累積大小案例磨出敏銳度，不過要老設計師什麼軟體都要會，是件很痛苦的事，會基礎概念即可，其餘聘請一位擅長新軟體的助理，把你最擅長的手繪圖轉換成效果圖，更能發揮經濟效益。

● 你的經驗絕對能勝過新軟體

有助理，也不能全讓助理一肩扛，他們未必能真實傳達你的設計精神，資深設計師切記做好下指導棋角色即可，主導著所有概念和創意方向，適度提供過去經驗來輔助修正，巧用新科技來佐證自己的判斷，提高精準度。

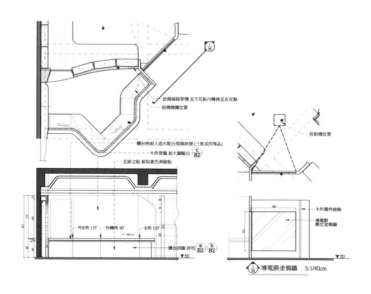

圖：繪圖軟體日新月異，新人可多方嘗試學習，對資深者來說，該專注的地方是要能反芻歷來的經驗值。

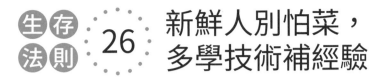

新鮮人別怕菜，多學技術補經驗

建議年輕設計師趁能量滿滿，用你們相當充裕的「時間」能多學就多學，盡量去嘗試市面上的各種設計軟體，找到自己最適合的一套來運用。像我當初若能早知道 SketchUp，情況可能就大不同了。

不過，設計師菜鳥一定都缺乏實務經驗，不用對此感到心慌，新科技工具軟體是幫新進設計師思考往上提升的工具，對年輕設計師來說是用來檢視自己的經驗成不成熟的標準，畢竟年輕一輩還沒法用時間、花錢，來換取實務經驗。

Learning
New Skills

生存法則 27 新設計潮流的根源，就是這些新時代的玩意

許多設計師會把美學掛在嘴邊，對資深設計師更難突破的框架是只在室內設計的區塊內，去談技術和知識。現在的業主很不一樣，他們接收的訊息廣又多元，時不時拋出問題來考倒你，甚至會根據你對議題的了解與回應，來判斷是否和你簽約合作。尤其當新科技愈來愈多元，設計師理解並使用這些新知識時，才可以接觸到更多的、不同的客戶族群。

● AI 智能居家系統

設備會日新月異，推陳出新，我們不可能一直推薦業主使用可能會被取代的舊設備。舉個簡單例子，可以讓封閉室內擁有清新空氣和恆溫控制的全熱式交換機，初登場時很受歡迎，有些建商會拿它當販屋誘因。

若有個業主能和你談起相關設備的優劣，對方肯定是個有品味、對生活品質很要求的人，當你採用更高階作為，向他說明現在最新的全氣候智能系統，能夠結合空氣淨化 PM2.5 科技、智能控制與環控機制，是否可以快速取得合作先機？

AI 智能居家系統在室內設計討論行之有年，可它的操作成熟度尚有極大進步空間。或許因為 COVID-19 肺炎疫情關係，智能科技議題再度掀起熱浪，之於室內裝修，功能和技術面愈加有稜有角。

從基礎聲控燈光、情境照明到電動窗簾，現在更摻入連結智慧手機運用程式，可透過手機雲端連結住家機能設備，不只幫你調控室溫，未來會依照使用者生活習慣，理出大數據模組，按照你的生活作息提供服務，說不定哪天連泡澡水也預先準備好。

High-tech Knowlege

我有位業主很強調智能 AI，要求燈光全部 AI 化，並有各種情境燈源，若當初我不去了解 AI 系統，怕是無法接下該設計案。

● AR 與 VR 在室內設計的運用

AR（Augmented Reality，擴增實境）現在頗為流行，特別是受到 COVID-19 肺炎疫情影響，興起了雲旅遊、雲看展甚至雲買房的服務機制，靠的都是 AR。買屋看屋，不用親臨現場就能即時瀏覽格局動線，以室內設計來說，AR 的好處更是能讓業主在未真正規畫裝修前，身歷其境先感受一番，比起不會動的 3D 效果圖，更有臨場真實感。

VR（Virtual Reality，虛擬實境），目前能實際運用在室內設計範疇尚未明朗成熟，不過模擬真實情境，倒可以提供設計師全新思考，天地壁的介面材質要真材實料，還是能運用 VR 虛擬投射建材影像？投影出清水模壁面、光投擬真景色，像我就曾想過是否能靠 VR 來克服建築物採光不足的難題。

CHAPTER

03

專業養成
才是決勝關鍵點

每個成功的案子，

都是你戰袍上驕傲的勳章；

每個設計案都是前個設計精華累積，

設計師的能量就在此。

每個室內設計師都有盲點，都會問自己：為了養家糊口，要有案就接、來者不拒，還是等穩定後開始挑案？

其實像我這麼多的作品，除了得獎的那些以外，大部分案子都是單純為了賺錢！很多設計師都把自己當成是創作者，可是一直以來，我的概念是設計師也是商人，要有企業經營的概念，不單單是一個藝術家。

我們必須謹慎挑案子，
不是選好不好做，而是要選好不好發揮。
好發揮的案子，不見得好做。

從 2004 年算起，踏進室內設計也有十幾年，問我有沒有後悔過想放棄，我還真的每年都想過不要做算了，乾脆來去賣雞排開飲料店，但是說也奇怪，每次都這麼嚷嚷，卻還是都在這圈子裡，儘管現在不是一個美好年代，但它總會有不同契機，不管是哪個行業，跟不上時代就會被時代淘汰，所以我也在一成不變的時代裡找尋多變的新出路。

想當室內設計優等生，沒花 5 年以上時間去磨現場絕對辦不到。包括半途轉行的我在內，也是磨槍磨了好一陣子，我們多數是在吃虧中學教訓、長經驗，當你吃虧吃到遇事馬上有直覺反應時，恭喜已經正式踏入下個成熟階段。

What
Mission?

當技能增長，工班師傅不會欺負你菜，
業主不會任意對你打問號有所質疑。

從今以後，你的業務範疇會愈來愈廣，接的案源漸形多元，從最簡單的住家到商業空間，甚至是大型公共工程標案都有可能，這時候設計師的能力級數就像是遊戲打怪一樣，又要再升等，才有辦法擴大經營。成熟期後的升級版，我常常說要練就一身綜合格鬥技，簡單來說就是什麼都要會，基本上室內設計這門專業是屬於多元競爭的產業，無論是美學、建材運用、當今資訊及思維邏輯都必須跟得上時代的演進，懂得隨時「升級」知識和技術的設計師，才能立於不敗之地，當一個設計師最大的專業就是當一個先驅者。

一個好的導演他不一定要會攝影、剪接、美術跟音樂，但他需要非常好的整合能力跟思維，就如同一個厲害的設計師，不一定會油漆、泥作、木作跟水電，但每個環節的專業常識與流程，都要清楚明白，好的設計師就是能勝任「整合者」角色，將所有環節一一扣起來，這個就是專業，我們要做的就是將專業技能向上提升。

你一定想問，不升級可以嗎？還是能穩穩過啊！請先想一想你的業主為什麼需要你？當你拿出其他設計師沒有的技能或優勢，創造出非你不可的印象時，你已取得先機，不然你拿出來的只是其他設計師也能做得出的設計，一旦擴大人選範圍，你就不是唯一選擇了，能不升級嗎？菜鳥設計師請注意，資深老鳥請有心理準備。專業永遠是在挫折中養成，很多的案子都是在未知的狀況接下來而成長的！

有實力的設計師之所以能屹立不搖，除了他的創意概念、他的設計定位能找出市場差異化，背後更是有套系統化的知識資料庫「撐腰」，知識庫從哪來？就從那一點一滴的實務經驗來，學會從案件分析出邏輯架構，涵蓋技術工法與知識內容，不過，這不是每個資歷超過 10、20 年的設計師都能做得到。

小白設計師更該趁早悟出自己的「系統」，歸納分類出利於往後使用的技術知識庫，才是專業升級的唯一王道。

CASE 01 沉靜之家

用時間磨出你的好感度，
讓業主當你的介紹人

第一個作品獲得業主肯定以後，他們絕對不會忘記你。這是我為這個業主設計的第二個家。

委 託 人 故 事

這戶業主是對竹科夫妻，兩人卻都充滿藝術家性格，太太拉得一手好大提琴，先生則是有單車愛好，而且是可以直接報名公路車職業選手那種。

他們之所以會來找我設計，全透過網路結緣。但是對方並不是為了找室內設計，跑到部落格留言板詢問，而是真的像網友、粉絲那樣，長期有在關注我的文章，還會在留言區互動反饋，過了很長一段時間，當他們約我見面規畫住家時，我的敏銳雷達提醒：這戶業主的案子未正式開始，已經十拿九穩，因為我們有了初步信任。

所以，這就是為何苦口婆心勸大家要持續在網路發表原創文章的原因，只要有寫作，就會有人專注地看你的故事，時間久了，信任感也會跟著倍增。8 年前，第一次幫他們規畫住家，隔了 8 年又再度請我設計第二個新房，中間這段時間我們就像好友般保持聯繫，他們更常介紹案源給我，真的是對我極好的貴人。

右圖：應業主的大膽需求，在第二回設計的住宅使用了極為搶眼的配色手法。

第二回設計的住宅「沉靜之家」，讓我拿到 iF Design 設計大獎，業主更是開心，
樂於和親朋好友分享心得，因為他們就住在得到國際大獎的房子裡，間接地為我帶
來不少宣傳效應。

Social
Skills

案 件 磨 出 我 的 跳 躍 思 考

勘查現場地理環境對設計而言,是極為重要的環節,許多創意發想以及後續施工注意事項,全起源於此。這戶住宅算是我設計生涯里程碑中,精彩的篇章之一,當初就是因為場勘發覺四周採光明亮,才動了我別於過往的用色想法,拿它來嘗試新可能。

● 使用自媒體的信任感

我們會觀察業主,業主也會觀察設計師,對方如果不信任你,案子再怎麼做都會很辛苦。我和業主建立彼此信任度是從部落格開始,不過經營自媒體是兩面刃,能夠創造聲量也能把你拉下深淵,許多業主會在網路搜尋負面留言評價,我向來經營地很小心,不用負面情緒來煽動點閱率。

部落格讓我在網路精準養出主消費客群,與該戶建立良好友誼,更使我確信經營自媒體有它功效在。它的獲利效益確實沒那麼立即性,但有做肯定有機會,而且要常更新,不是三天捕魚、兩天曬網那種。

● 大膽妄為的色彩設計

我早期崇尚的極簡風多半走白色系,部分原因是假性色盲讓我在用色方面比較沒有把握。不過,跨過新莊國小的數位博物館的配色門檻後,我變得大膽些,比其他設計師更敢用色,跳色式邏輯常出現在我近幾年的作品裡,只要遇到業主要求的大膽裝修,我抓到機會馬上主打推薦。

該戶的顏色配比,我在利用 SketchUp 畫立面圖時加以運算評估,單透過 2D 平面其實很難精準確認比例,但立面圖不同,從格局動線開始,壁面櫃體轉角會呈現怎樣的角度、立面容積影響到配色分布,哪裡該全藍色,或加點其他色系調和,一口氣藉助 SketchUp 成功計算,而且臨場感十足。最後選定深藍和桃紅兩大彩度用色,加上大黃蜂燈跳色處理,畫龍點睛地讓空間更有層次感。

圖 01:過去因為假性色盲關係,不太敢使用鮮明色彩。
圖 02:就因為業主說想改變過去居家作風,才讓我興起跳色配置。
圖 03:深藍色在室內設計常被視作勾邊色,這次大膽嘗試,配角變主角。

01　02

03

設計師的案前筆記

業主想要改變,設計師也想改變,
創意和手法的呈現都會跟著業主一起成長調整。

前期討論

屬預售屋,陪同購屋時先行客變更改格局,等建商交屋前 2 個月做深度規畫

業主訴求

想跳脫原住家白色極簡風格,可大膽、有貨櫃屋的感覺,微鄉村風

環境觀察

四周採光明亮建商配有全熱式交換機

調整格局

2 個月裝修期縮短時間方便屋主入住

核心創意

客製貨櫃門造型鐵片拉門

意象式工業風呼應主題

設計發想

深藍勾邊色,擔任空間用色主比例,點綴桃紅色

管線線路當天花裝飾

右圖:不同顏色的藍,要在空間裡和諧存在,同時締造視覺層次,面積配比如何拿捏精準,
可在畫立體圖時,架構出八九成,其餘就看師傅調配出實際色感。

● 人工與科學雙重計算的烤漆工法

為展現深藍與桃紅兩大主色系精緻質感，同時考慮不同介面建材的上色均勻零色差，必須精算工作時間，尤其是桃紅色特殊漆，沒有固定編號，無法用電腦配色，即使用電腦配比也沒辦法保證每回都一樣。

所以全靠設計師的精準色感與師傅人工調配，一口氣要調出設計案使用剛好的量，整個作業流程得一氣呵成。等上漆後，還要經過無塵烤漆室的烤漆程序，讓色澤看起來更有質感。

唯芯牙醫

弧線造型考驗工班執行力，
整體化概念創造品牌高識別度

將 LOGO 延伸成天花板弧面造型，從平面轉成立體；透過平面及空間的美學優化，完全的展現專業度、識別度及企業形象，深化品牌 DNA。

委 託 人 故 事

和唯芯牙醫的合作要從業主的住家說起，可算是半親友推薦牽線的案例，起初替業主的家人設計幾回住宅，雙方已經有過合作基礎和默契，保持著友好關係。後來業主夥同一群同輩年輕牙醫師打算開設診所，來找我時，我問他們有打算之後朝連鎖發展嗎？有需要規畫企業的品牌識別 LOGO 嗎？接著開啟另一條室內裝修和 CIS 並行的設計路。

和許多設計師不同點在於，我是廣告出身，很了解品牌識別度，也就是 CIS 對品牌的重要性，如果可以，我會建議業主讓設計師從頭包辦，這樣一來，才能將設計概念整體化，徹底落實在每個能看到品牌意象的符號，小到一張名片，大到空間布局，無所不在地深植在大家腦海。他們認可我的想法，加上尚未著手自己的品牌平面設計，便全權交由我量身打造，讓我可以徹底的從企業形象識別思考空間造型。

從零開始，加上醫療院所設計較一般商業空間複雜，必須考慮從入口的掛號區到候診間，再到看診室等動線的流暢性，特別是看診區，醫師坐哪診療，他們的診療習慣，護士助理得站哪個位置，醫療用具該放哪才好使用，諸如此類小細節全

右圖：唯芯牙醫是我第一次從品牌 CIS 設計到空間規劃一手包辦，讓商空落實品牌的完整性。

都要討論仔細，另外像是醫護人員要有的休息室，其他診療需要的會議室、技工室及 X 光室等，亦須妥善安排，每個場域得全然展現出該空間應有的態度，諸如能放鬆的候診區，展現專業度的看診區等，以至前置期花了頗長時間來回溝通確認。

另外，診所位址在北市，法律規定超過三百平方米的空間裝修，需要申請「二階段室裝」，特別在送審和消防最為複雜，作業過程十分繁瑣，得等許可證下來後才可正式施工，夯不啷噹做了快 3 個月。若換成一般商業空間可是有租賃壓力，必須搶時間，最好 1 個月內解決裝修大小事，所幸診所是醫師自己的房產，省了店租壓力，可以好好琢磨規畫。畢竟業主很想將診所拓展成連鎖型態，凡事馬虎不得。

案 件 磨 出 我 的 創 造 力

我不甚喜歡一般牙醫診所的制式空間，彷彿為設計而設計，千篇一律。怎麼說我也做過廣告，觀眾會對廣告內容產生共鳴，就該對室內設計有這樣的視覺與心靈整合（天人合一的概念，哈！）設計師不只創造空間，也要能創造故事。唯芯牙醫的空間內藏了不少形象符碼，為了將這些元素實體化，我和我的工班團隊又嘗試新的不可能任務，讓彼此知識長進不少。

● 合作工班的團隊默契

我一開始從事室內設計時，即使選擇以弧線造型來妝點空間層次，最多也只以單面弧形為主，唯芯牙醫算是第一次所有角度全為弧形構成的立體弧面。只是那時候還沒學會使用 CATIA 軟體，全靠 3D MAX 處理弧線，請木作師傅現場調整彎弧角度；原本要打版放樣做測試，但考量時間，只好土法煉鋼現場修正。

因為弧線沒有固定基準點，所以往這兒彎看似沒問題，但從另個角度切彎心進去，兩邊沒處理好會對不上，況且我這次設計的是立體維度，得仔細對點，對木作師傅而言執行難度頗高，所以能配合、知道我要什麼的木作工班，絕對要挑跟合作 7、8 年以上的資歷。畢竟想在現場修正，師傅馬上可以聽懂術語，不用從頭解釋，提升工作效率，反之亦然。

業主有時候也會挑設計師是否有好工班團隊，彼此若都合作不久，又是要執行高難度工種，大部分的人內心會質疑，產生不安與不信任感。一旦彼此不信任，再怎麼仔細、竭盡心力，很可能還是被雞蛋挑骨頭。

01

02

圖 01：唯芯牙醫的形象符號錯落在空間各個角落，好比天花板。
圖 02：牙醫診所涉及診療順序需求，設計者要留意整個動線、水電配管安排是否恰當。

網路:

	B-1F	1F	2F
各區域人員電話處機	0	2	5
無線AP訊	0	0	0
電視訊置插座	0	1	1
診療網電插	0	0	6
文化區電插	0	0	5
診療網插1層電插插	0	0	3
電話	1	4	22	=27

電話:

	B-1F	1F	2F
電話分機	0	2	5
水工事箱傳真(總機)	1	1	1
電視	1	3	6	=10

電視:

	B-1F	1F	2F
管理區	0	1	3
內部休息區	1	0	0

網路,電話,監控系統主機

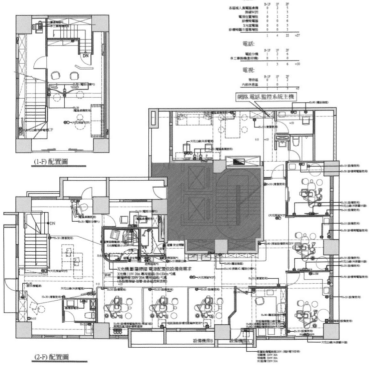

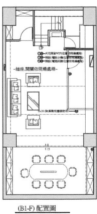

X光機,雷爾標插 電源配置設備商需求

(1-F) 配置圖

(2-F) 配置圖

(B1-F) 配置圖

設備機用D　設備機B

● 技術與整合力：X 光室弧形隔間藏鉛板

牙醫診所一定要有的診療空間便是 X 光室，傳統隔間作法自然取方方正正好施工，不過我建議業主將 X 光室改成弧形隔間，一來可以跟規畫的弧線天花做個呼應，二來也能跳脫制式診所設計，那時候我還想大膽地運用 X 光室可用的有鉛玻璃，讓整體視線可以更遼闊些，可惜後來考慮預算，只能作罷。

但要設計成弧形隔間內嵌阻隔 X 光外洩的鉛板，精準度相對有難度，在工廠製作時就要特別告知，此外，為提升鉛板的弧度可以妥善處理，以利後續施做，這需要工藝好的師傅先製作出內牆弧度，再上鉛板，然後修正介面銜接的空隙到最小值（修正公差），等全都就緒後，再包覆外牆，另外還得做外洩測試，萬一 X 光外洩，工序就要重來一回，整個過程很不輕鬆，卻能讓設計師藉機好好練工法，練工序、練與師傅的溝通協調力。我的弧線造型功力又進階了！

● 向業主說一個好聽的故事

對牙醫診所的形象發想，別人一味地在環境求放鬆，我倒是想另類解讀在牙醫診所聽到機器吱嘎作響聲，所引起的緊張恐懼感；恐懼就是恐懼，放鬆解決不了恐懼，只能依靠專業來安撫。

業主展示從韓國引進的弧線診療椅給我看，極具設計品味與專業感，令我想起小時候喜歡的外太空科幻電影，那設備外觀線條給了我往未來科技布局的想法，專業可以用高科技串連專業，讓看診好比坐在太空艙駕駛座上。我們全然跳脫傳統窠臼，也讓空間元素和業主選的設備相呼應，是空間故事的創造大師，用自己的專業度和誠信，替業主繪製了美好想像，打動他們接受這次設計提案。

右圖：將唯芯解讀成雙心合體，同時暗喻著牙齒型態，給予天空藍當識別色，是為診所打造的形象標記。

室內設計跟藝術家不一樣，很多人都是把室內設計當成創作，可它涉及到結構、力學、用材還有成本等等課題，重要的是「計算」這個學問，我們所求助的，不只是師傅的深厚技術，更需要新科技（軟體）和工班、工廠溝通，這也會是未來挑戰。我不是說了嗎？設計師不能只會設計，而是要能當一個懂得整合的設計師，在唯芯牙醫設計案裡的嘗試，只能說是我磨練設計功力的一小步，替我打開新技術的一扇窗。設計的學習之路，一喊中止，你就等著失敗被淘汰。

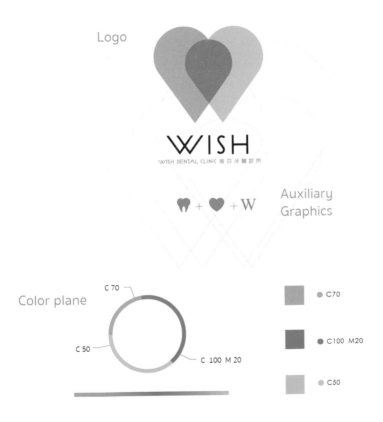

設計師的案前筆記

商業空間設計訴求，注重品牌文化、形象與硬體軟件到位，
執行前要勤做田野調查。

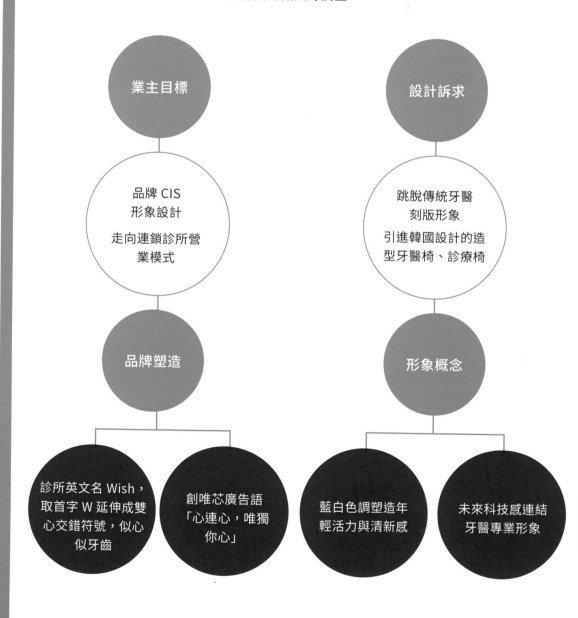

業主目標

品牌 CIS
形象設計

走向連鎖診所營
業模式

品牌塑造

診所英文名 Wish，
取首字 W 延伸成雙
心交錯符號，似心
似牙齒

創唯芯廣告語
「心連心，唯獨
你心」

設計訴求

跳脫傳統牙醫
刻版形象

引進韓國設計的造
型牙醫椅、診療椅

形象概念

藍白色調塑造年
輕活力與清新感

未來科技感連結
牙醫專業形象

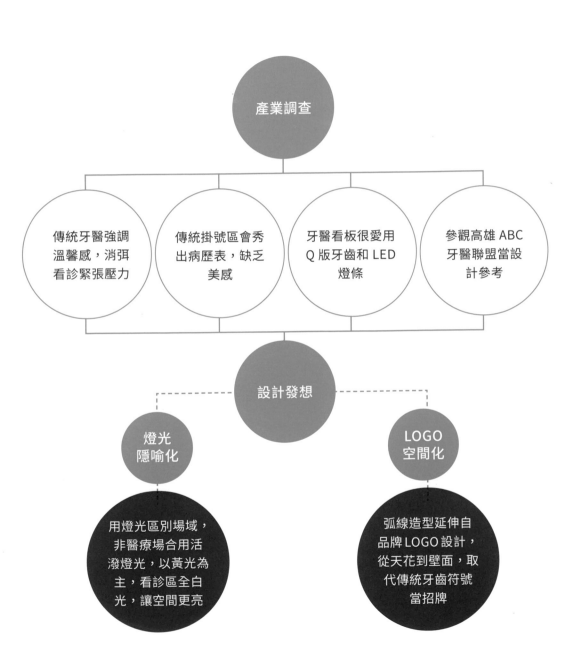

産業調査

傳統牙醫強調溫馨感，消弭看診緊張壓力

傳統掛號區會秀出病歷表，缺乏美感

牙醫看板很愛用Q版牙齒和LED燈條

參觀高雄ABC牙醫聯盟當設計參考

設計發想

燈光隱喻化

LOGO空間化

用燈光區別場域，非醫療場合用活潑燈光，以黃光為主，看診區全白光，讓空間更亮

弧線造型延伸自品牌LOGO設計，從天花到壁面，取代傳統牙齒符號當招牌

137

圖 01：別於一樓接待區的嚴謹，二樓的候診間刻意設計成心情緩衝帶。

圖 02：醫療院所慣性使用黃光或暖調處理，用溫馨來消弭緊張感，我反而想利用明亮強調專業性。

圖 03：兒童專用診療椅。

圖 04：牙醫診所涉及診療所需的電源和水管線需求，一開始就要盤算清楚。

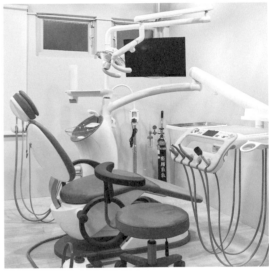

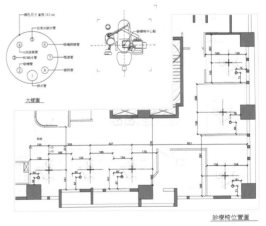

大樣圖

診療椅位置圖

CASE 03 LOLLICUP 加州概念店

台灣製造美國生產
模組化快速裝修的混血兒

我曾經非常猶豫要不要接這個案子,但這個案子讓我完全成長,發現組合式工法的重要性,慢慢找出未來可以發揮的優勢:全模組化設計。

委 託 人 故 事

遠在美國加州的手搖飲料店 LOLLICUP 樂立杯,怎麼會跟人在台北的設計師有關係?故事就從頭說起吧!

在美國擁有百來分店的樂立杯,打算重新裝修加州旗艦店,或許可當作未來概念店範本,業主先是在加州當地諮詢有無合適設計師,可惜找了找,沒能有個和他心中概念店樣貌需求吻合的設計,那種帶有精緻感和鮮明特色的商空特色。

由於業主是華人,台北這兒有設公司,所以把找設計師重裝修的心願,轉移到台北來,希望能藉機找到理想設計。在網路搜尋資料時,看到我設計的連鎖優格店,相中優格店空間帶點未來潮感以及鮮豔活潑的用色,找上了我諮詢規畫樂立杯加州店。

右圖:包含場勘丈量尺寸,前後飛美 3 次,替業主改裝店內空間,這是我的另一人生大挑戰。

我和業主談起台灣組裝美國施工的可能性，也就是所有施工必要的建材物料，全都在台灣處理好板材，運送到加州後，在當地只要將零件組裝即可。但我也很清楚，業主同時還找了幾位設計師一同評估概念店裝修，有 3 組設計師婉拒了設計提議，沒人敢接。只有我傻傻的接下這超級任務。

就經濟效益來說，這是門賠本生意，粗估要花半年以上時間打造，地點又是遠在太平洋另一端的異鄉，換算我的時間成本與人事開銷，似乎沒有很划算，設計公司單靠這一單，生計怕會出問題，我還要養人呢！

但是我很清楚人生不可能有第二次這樣的機會，想脫離設計的舒適圈，或許藉著樂立杯設計案，可以看到我在室內設計的未來發展。

案 件 磨 出 我 的 管 理 效 率

第一次的經驗最為寶貴,遠渡重洋的樂立杯概念店嘗試了新的設計組裝可能,相對更考驗身為設計師最需要的整合能力。從工班的整合,工廠的調度,海運運輸時間的推估,設計師要會的,相當五花八門。

● 建立商業空間組裝特色資料庫的念頭

樂立杯設計案是我首次嘗試,先在台灣的工廠將需要的裝修板材物料備妥,經由海運送往目的地再組裝。

貨一出海外,就沒有再回頭的機會,所以,任何出廠的板材尺寸和卡榫位置等,得再三將精準度抓到位,為此,我必須固定派駐一位工作人員直接在工廠和師傅對接溝通,以防臨時有問題發生時,可以及時解決。從材料怎麼裁比較不損料,到又要考慮異地組裝時,不會產生結構體支撐問題,同時以防萬一海運有毀損,那麼要備多少料才夠,全都考慮在內,經過來回數次確認才拍板定案。

就工廠角度來看,設計用組裝的概念去運作其實一點都不難,不過當時也才 2011 年,對弧線的拆解組裝還未盛行,軟體技術更不像現在那麼進步,沒有電腦輔助計算,許多時候得靠人工處理,而樂立杯又運用不少弧線造型,工廠必須去嘗試合宜的作法。另外,包含我想銜接組裝的連接壁面短 L 弧線造型飾板組件,相連的公母插頭卡榫要留多少深度,卡插槽後可以保持平衡,全仰賴「人」在工廠現場計算載重量。不過我們實際現場安裝時,還是擔心搖晃度,追加垂釣鋼線鎖住牆壁,讓凸出的飾板更牢固。

經過工廠組裝測試,在板材還未進入烤漆前(組裝前的最後定型動作)都還有修正機會。外加當初設計使用 RGB 可變色燈條,我們也是先行組裝測試沒問題後,才將其生產出貨。現在回想起來,如果當初沒有接下樂立杯設計案,我可能沒想過「組裝」對商業空間有何影響性:

右圖:畫面中看到的一景一物,全是先在台灣組件,運往美國加州就地組裝。

● 模組建構的速施工效率

一般的設計模組指的是將設計元素套用公式進行,例如要作陳列架,便從過去資料庫裡撈出陳列架套用。而我的設計模組是將特定空間裝修需要的結構予以拆組,天花一組、展示櫃位一組、接待櫃檯一組,以此類推,每組都再細拆零件組合,比照樂高、鋼彈玩具模型編號,照著事前編排的施工手冊,和當地團隊溝通,按圖索驥組裝,好提高施工效率。

▪ **模組塊狀切割以 90 度直角為基準:**樂立杯的弧線造型櫃體頗多,要模組化切割塊狀組裝的尺寸是一大關鍵,而彎角原本就是損料,我們必須在損料的既存在條件內,優先計算面積體,保持想要的彎度造行,絕不是從彎角弧度切割。

只為了節省工料成本,將板材切愈小塊愈好,求事後的噴漆補縫將切割拼接處補平,這種作法最沒效率,反而要花更多時間去修補,再說更會破壞原本想要的弧線美感。所以模組化板材時,一定是90度直角對直角,避開彎度處切割。

▪ **編號 123 識別:**組件拆解按編號順序組裝,將圖解施工步驟全整理成手冊,舉例樂立杯的弧型櫃台,中央彎弧角編號設為 1,左右銜接組合的板塊各別為 2 號和 3 號,由中央點向外延展卡接,另外在每個接合處以膠帶識別結合點,讓後續收尾可將拼接的隙縫利用噴漆或其他手法填縫,減少視覺接合上的不平整度。連帶使用的五金零件全都予以編號化,可方便現場作業,未來即使有新店規畫,也能按當初設計的 SOP 進行

● 速裝修的時間效率

商業空間大部分有店租壓力,一天不正式開店營業,店家便會損失一天營業額,所以商業空間裝修期不會太長,約略 3 週到 1 個月,扣除高端精品追求精緻感,會耗時 2 到 3 個月工作期,否則花愈久時間,實際上愈對商家不利。反觀住家求的是住的品質與對生活水平的訴求,願意花時間等待,兩者裝修時間的衡量點完全迥異。

右圖:樂立杯的設計概念有如樂高積木,將每個結構體拆解適當可組零件,圖為組件示意圖。

樂立杯加州店專案時間從接洽到施工，前後計算歷時少說有半年以上，我只飛美國 3 次，就搞定大小事。

主要是我們在前置期已經耗時許久，我先飛了一趟美國現場丈量規畫平面圖，第二回弄清當地裝修法規要注意的細節，以及確認討論使用建材材質。中間不斷透過視訊會議溝通，像是原本建議業主地板採用盤多磨，可業主認為地坪要好清理，最後就是在美國配合的工作團隊協助下，在當地找到了薄板地板，那時候台灣還未引進該地板磚，磁磚厚度極薄可直接貼覆原地板，不用另外刮除整平，我趁機又學到一個新建材知識。

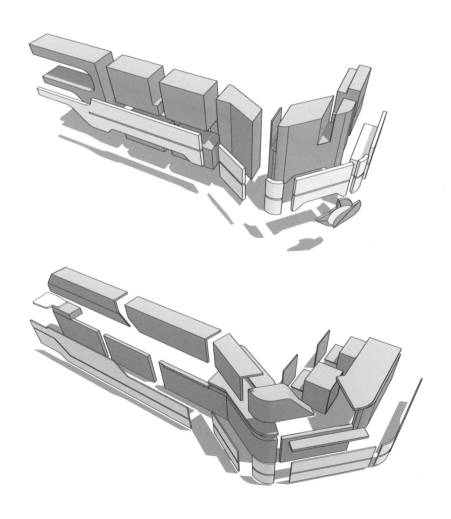

第三回就是帶台灣的團隊飛美執行，不過正式飛美前，我們又過了建材板料運送美國的貨櫃海運 3 個月時間，所以真正施工時期極短，只有 6 個工作天要搞定，當中又要應付衛生局的檢驗，先利用 2 天完成概部組裝，通過檢查後，再進行細部裝修。所謂的細部裝修是指師傅安裝螺絲、強化結構與噴漆作業，以及安裝燈具測試，不同台灣餐飲商空作法是先送審圖，處理好廚房生菌問題後，才會申請現場審查。

而為了能短時間內施工準確，勢必得將用料建材加以模組，才能加快速裝修作業。樂立杯實際施工挑戰天數是 6 天，替藝術家優席夫設計的花蓮咖啡館，我複製了模組經驗，只用了 1 天半時間組裝。從壁掛展示層架、吧台區和木作櫥櫃，以及鐵架層板等，全先在工廠花 2 週時間處理前置裁切拼組，再將原料送往現場組合。

樂立杯的第一次模組經驗，老實說技術還沒有駕輕就熟，光是怎麼裁切比較不會浪費板材長度，尤其愈大弧度，浪費空間會更大，這部分的造型取捨和經濟效益間的「天人交戰」都是門學問，除了一次次和師傅討論，便是經由每次設計，取得更好實務經驗作為日後更完美的調整做準備。

Design
Model

圖 01：確保能在加州順利安裝，出發前，已在工廠和師傅溝通討論，試驗各種可能性，最後才出成品。

圖 02：包含所見到的燈條、飾板，全都模組化，先行解構，再行重組。

圖 03：連同樂立杯的新 LOGO 也是組件化設計。

01

02 03

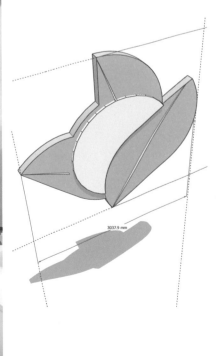

3037.9 mm

設計師的案前筆記

跨海設計案最要緊的是對異地裝修法規的理解，
以及執行效率。

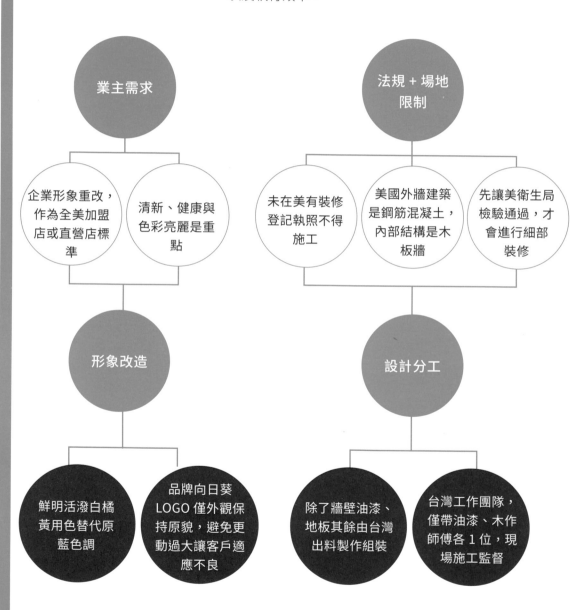

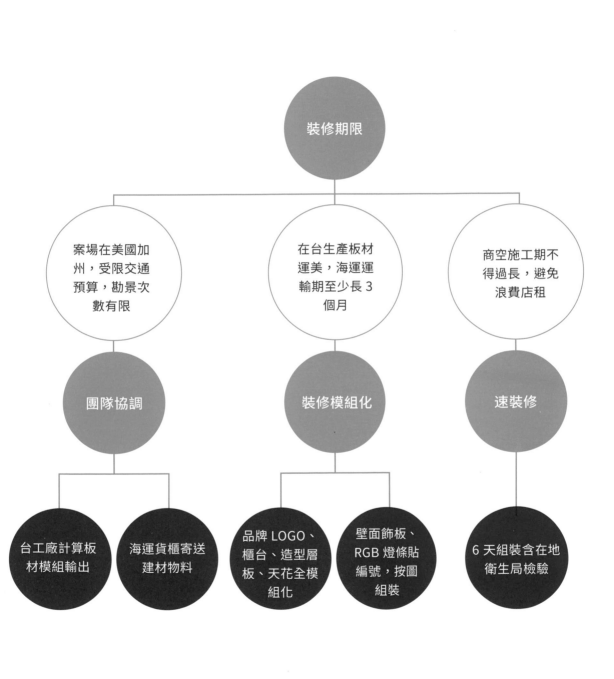

装修期限

案場在美國加州,受限交通預算,勘景次數有限 → 團隊協調 → 台工廠計算板材模組輸出 / 海運貨櫃寄送建材物料

在台生產板材運美,海運運輸期至少長3個月 → 装修模組化 → 品牌LOGO、櫃台、造型層板、天花全模組化 / 壁面飾板、RGB燈條貼編號,按圖組裝

商空施工期不得過長,避免浪費店租 → 速装修 → 6天組裝含在地衛生局檢驗

CASE
04

新莊國小數位圖書館

將數位科技與模組化應用在室內設計

新莊國小數位圖書館應該是目前台灣高耗資的公共空間,這個案子表現我的綜合技巧,融入了導電膜、背投式投影、3D 電影電視及數位畫板等大量「綜合技法」,為我拿下日本 Good Design 大賞和義大利 A'Design 銀獎跟美國 IDA 銀獎。

委 託 人 故 事

在我設計生涯中影響最大的貴人,就是新莊國小校長,當初若沒有聽他建議,參加競標圖書館設計,我可能錯失大展身手的好機會,錯失讓我實現設計模組化的實驗機會。

所有事件源頭來自優格店空間案,校長透過網路看到我的設計,進而電話聯繫,一聊便如故,彼此談起圖書館有著滿滿想法,不過圖書館屬於公共工程,得經過合法程序招標,不是任何一家設計公司想接就能接。所以在校長鼓勵下,我撰寫企畫提案和標書,參與人生第一次公共工程競標。

不過,能讓我在提案時以舊夢新妝為主題,以數位為前提,運用光投技術打造數位化圖書館,這背後還有一段小故事。時間倒回 2012 年,有朋友來找我做門光雕投影生意,希望可以到內地投資推廣商機。舉凡戶外投影、互動式投幕、日本聲

右圖:新莊國小的圖書館,我慢慢嘗試一些新技術運用,包含用色上的新調整,以及組裝的活用度。

光視覺藝術 TeamLab 常用的技術就是源自光雕範疇，那時候台北設計公司仍同步進行中，我把光雕當成副業經營，跟著友人跑去上海打拼，可惜觀察了一下市場及友人的作業模式，心想光雕事業該是沒有成功的希望，於是把重心再移回台北。

要回台繼續專注室內設計領域，我有點不甘心，投資金額所剩無幾，但要回去總不能空手歸，所以打算將光投技術摸個透徹，弄清楚什麼是光投投影、背投影、導電膜、互動程式等等，全弄清他們到底在玩什麼，從原理到技術運用。

誰能想到隔了數年後，我失敗的光投副業化為創作新莊國小圖書館的養分，利用數位科技打造互動式圖書館，為我拿到了世界級的獎項。

案 件 磨 出 我 的 組 件 專 利

新莊國小圖書館的天花造型全運用弧線設計，不單只是希望空間具有流動性變活潑，另外也藏了個人小小私心。

當初美國加州樂立杯形象店，認真細究還有些美中不足的地方。由於美國對天花板和牆面的精準度沒有台灣細膩，導致上櫃一組裝上去，解決了壁面貼合問題，但天花板不夠水平，公差縫隙變大，為了能抓到最小公差，我們多花兩天時間去克服。反觀學校是新大樓，不會產生這問題，讓我放心地設計大量的天花板造型。

天花的流動線條呼應閱讀書桌的曲面造型，而這些設計的核心概念，全來自那時樂立杯概念店興起的模組。

樂立杯時期還得仰賴工廠師傅，現在，有 CNC 機器，可以輸入參數值，得到你想要的弧線曲面。所以啊，設計有時候像是一種公式與數學計算，組織與結構都必須靠大量的演算而成，尤其在未來定位會更明確，想想你要靠電腦的運算，還是師傅傳統的腦袋呢？

● 日後維護方便的設計組件範本

實體會隨時間而慢慢變舊，但學校是永續經營，不過公共空間使用者多，是人為破壞力極強的場所，當受損的實體無法再使用時，卻能透過「設計模組範本」，再從工廠製作一模一樣的東西，這就是進行模組化作為的其中一個原因，也是我持續關注模組的原由。

Systemize

所謂的模組化並不代表模組系統化,造就所有空間都能使用的大眾化設計,而是只有這個設計空間才有的模組,將屬於這空間的獨特設計「自有化」,絕不是大家想像中的 DIY 品牌那般。或許未來某一天,在百年以後仍願意有人生產,繼續模組其精神,比方柯比意的椅子,這才是我要說的重點。

回到新莊國小圖書館,我的模組概念鎖定在書櫃的活動性。很簡單的邏輯,桌面一組件、雙邊多功能支撐組櫃一組件、活動輪子五金一組件,哪裡壞就單獨換哪裡。除此,書櫃統一格式與尺寸,櫃身與櫃身間有美化的壓條跟組件,一旦當櫃身遭受破壞,直接拔下壓條,然後移出壞掉的櫃子,再把新做的櫃子置入,再貼上美化壓條等組件,就可置換。

● 技術也要跟著未來不斷進化

每執行一個設計案,我都在思考各種進化的可能。設計優格店時,使用 LED 光板當天花的成功,讓我開始思考數位可以解決的空間問題,再者,之前投入精神了解的光投影以及互動程式,等於累積了技術庫裡的數位資料夾內容,沒這些技術當後盾,我怕是無法成就新莊國小圖書館。

一個優秀的室內設計師,必須邊看到新東西邊想到新的可能性,如何融入空間規畫,如同我向來強調的,設計師必須嘗試吸取來自四面八方的知識訊息。如同現今的設計除了一般性裝修以外,無障礙空間、通用設計、空氣標準法則及綠建材等各種室內應用的技術都已經列入技術規則,包括近幾年我喜歡用的 AI 智能和影像轉化技術,你能不隨時強化自己?

一旦技術知識吸收停滯進化,你的設計創意力也會跟著封閉,嚴重者會呈現不足,最後只能等著被市場淘汰。

如果樂立杯是我的模組化設計的發跡點,那麼新莊國小可說是模組的成熟階段,是我過去設計商業空間的經驗大集合。而這樣的經驗累積仍在持續進行中。

設計師的案前筆記

對於新科技的實用面,以及我對弧線的設計進化觀點,
在國小的圖書館作品中,企圖把過去的經驗重反芻整理,找到新迄點。

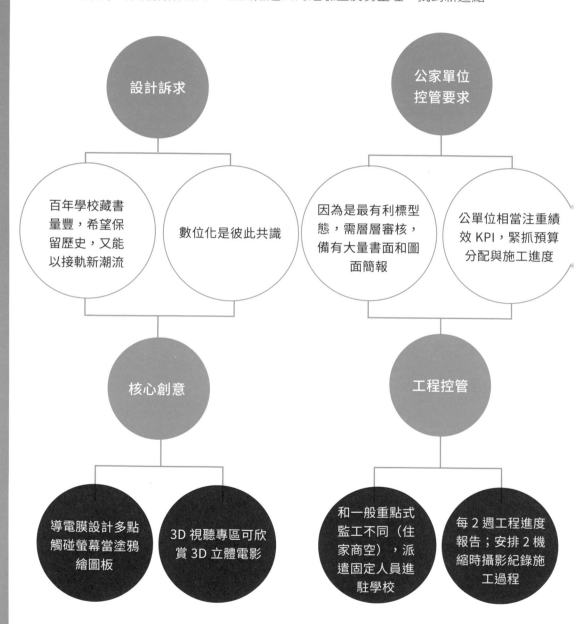

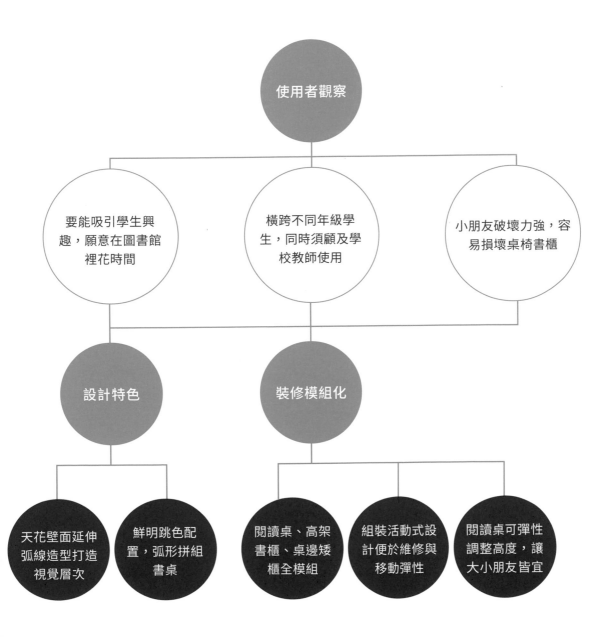

圖 01：圖書館的弧線天花造型，有泰半私心是想將樂立杯未臻完美的設計，重新實現。

圖 02：弧線閱讀桌可拆解組裝，哪裡有零件壞了，就能更換哪裡。

圖 03：書櫃也是模組化設計，未來可以量產，如有需求的話。

圖 04：閱讀桌櫃的設計解構圖，從中可看出當時的零件組概念思考。

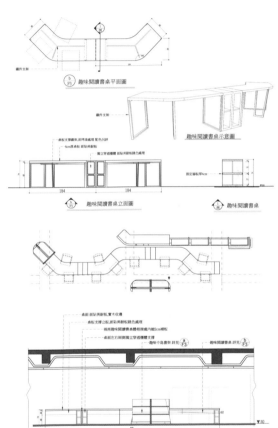

趣味閱讀書桌平面圖

趣味閱讀書桌示意圖

趣味閱讀書桌立面圖

趣味閱讀書桌

CASE 05 Garmin 示範店

只要有專屬資料庫，設計也可量產

經驗累積急不得，我從 2009 年開始接觸品牌店，到接下 Garmin 這種大品牌的專門店設計，已是 2016 年的事了，足足經歷七年的實戰基礎。

委 託 人 故 事

Garmin 第一時間並不是先聯繫我，而是找上我另位同行朋友，但因為他對品牌的設計能力與品牌形象概念營造較不擅長，所以才轉介紹給我。

一般我們對 Garmin 的印象早先是 GPS 導航系統，後來則是和穿戴裝置（智能運動手環）串聯；這幾年，品牌極力想擺脫既定形象，重新定位，希望靠攏高端時尚精品，旗下商品分支許多時尚系列，跳脫刻板運動符號。而和 Garmin 合作的形象店，正好是他們在台北第一間較具完整性的專門店，我們仔細觀察品牌過去商空作法，空間用色偏限在黑灰白無色系，給人沉穩感卻失了活潑性，除了色彩可以重調整外，我大膽向品牌提議可移動性的設計空間組合。

因為門市是一個可能因為區域、產品信譽及創新吸引而產生的實體店面作為，可是當有不定期的因素發生，如產品行銷沒到位或租約到期，都可能改變品牌策略，也就是說原本的門市據點極有可能移動，或者重新調整內裝。沒必要為了一次次裝修調整，再次耗費資源，加上之前的樂立杯和新莊國小有了實戰經驗，讓我想到模組設計運用在門市據點的可能性，要再來一回，就施工來說，其實不難，最大的挑戰來於創意，如何讓品牌徹底耳目一新。

01

02

圖 01：Garmin 形象店是從業設計多年後，正式接觸的大品牌。
圖 02：Garmin 示範店平配圖。

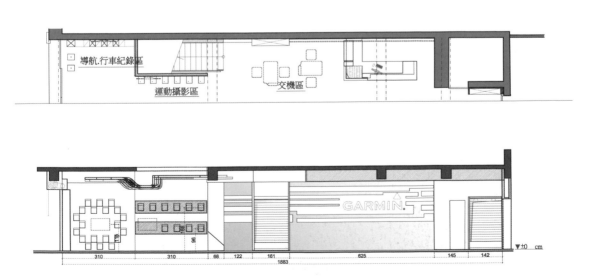

導航.行車紀錄區

運動攝影區

交機區

GARMIN.

▽ ±0　cm

310　　　310　　68　122　161　　625　　145　142

1883

案 件 磨 出 我 的 可 拆 式 設 計

我向來很不愛死板的空間設計，所以都會在規畫時，摻入弧線造型。一路從樂立杯加州店到 Garmin 概念店，每個階段承載著上回實務心得加以調整，也就是我的弧線機能一直持續進化中，我的模組概念亦在變形中；新莊國小圖書館的彎弧天花板還不能搬移，還只是固定式作法，不過轉換到 Garmin，除了維持模組型態，我想讓它變成可拆式設計，具有可回收性，避免建材資源浪費。

想實踐這麼大膽作為，可不是你個人想做就能這樣做，面對的是 Garmin 大品牌大客戶，要如何說服對方接受你的實驗性創意，還要能做到，從設計能力到整合溝通力，以及你有無對等地位都是面對企業業主的重重關鍵。

● 模組可量產具有可移動性

替 Garmin 設計的弧線天花，是利用 CNC 機器切割造型，加以五金零件和機械動態原理的整合設計，可透過 Wi-Fi 或 App 軟體，讓天花板可以上下移動，連燈光也能自由調配，這點除了貫徹我的流動式空間概念外，最主要的還是可以方便拆卸，保留住設計資產，以利下一個新的經銷點使用。

而為品牌製造的另一亮點，是 Garmin 的展示櫃，可區分成數個組件，每個都經由編號，要裝什麼軌道，裡面要裝什麼燈，內部夾層使用的表材等等，全都系統化，可作為未來量產使用，或當有發表會需求，不需要重新訂製櫃體，只需將設計的展示櫃移去會場組裝即可，保留彈性使用空間。

01

02

圖 01：為呼應品牌的新定位，每款系列的動線、座落位置需精心思考。
圖 02：細節真的藏在魔鬼裡，從抽屜櫃到層架收納，我向 Garmin 提案可模組量產的設計。

● 明白室內設計公司化的重要性

假設你規畫住宅，只要面對一戶人家即可，設計師隻身一人可以跟進所有大小事，個人工作室就能全攬下，但當你面對的是有分部門組織結構的企業事業體時，個人工作室的招牌怕是不能作用。

請想想會計打到你公司是你接電話，設計你溝通、現場你監工、結果他們去工廠去驗收，見著的還是你。對企業來說，需要你開發票就會希望你是一個體制，希望你有面對「大需求」的能力，所以有聽說過上市櫃公司發包給個人設計師的前例嗎？我想是沒有的，除非特例中的特例，比方知名雕刻家或藝術家，但這些以名氣為主的大師，也會有委託公司或經紀人不是嗎？

再說，現在室內裝修要申請執照，沒有合法登記的設計公司很容易被檢舉違法，你所面對的是大企業法務部首先便不允許，當初我從個人工作室轉公司經營，就是為了可以對接企業體系。

Commer
-cial
Behavior

● 服務大企業必有的提案力

與大企業合作必須要有一個認知，因為體系很大，要過重重的關卡並不容易，而且會有很多放大鏡看著你，這些十分考驗著自我能力，我說的能力不只是設計，還涵蓋溝通、協調及說服的能力。

而 Garmin 體制具有規模，相對有意見或不同觀點的人跟著多，要面對的會是一堆高階主管，會是層層闖關局面；設計是面對設計部，合約是面對法務部，工程作業是面對採購部，平時訓練的簡報提案力和話術運用，這時便是派上用場的時候。請記住你不單是只會畫圖的設計師，還是個徹底的生意人。

設計師常忽略的一件事情就是，一個案子做完就忘記要整理歸納設計成品。我說的歸納整理是假設你去設計櫃體，櫃體大小、功能及五金運用等，你有沒有去建立模組化的模式，放到你的資料庫中。我以前也沒有做！

因為我們每做一個案子都會再經歷過構圖過程，都會想說遇到了再找出檔案就好，就是這樣太隨性的心態，才會覺得「書到用時方恨少」，資料庫不蓋要找找不到，畢竟現在還不能用聲控方式對著電腦說話，讓它自動調閱資料。（電腦不是Siri）

想要持續走下去，甚至茁壯的室內設計公司，請好好建構屬於你企業的技術知識資料庫吧

設計師的案前筆記

Garmin 示範店可說是我過去設計經驗累積的全新大成，修正了模組系統，
帶來更多可拆卸式組合的選擇，很適用於商業空間。

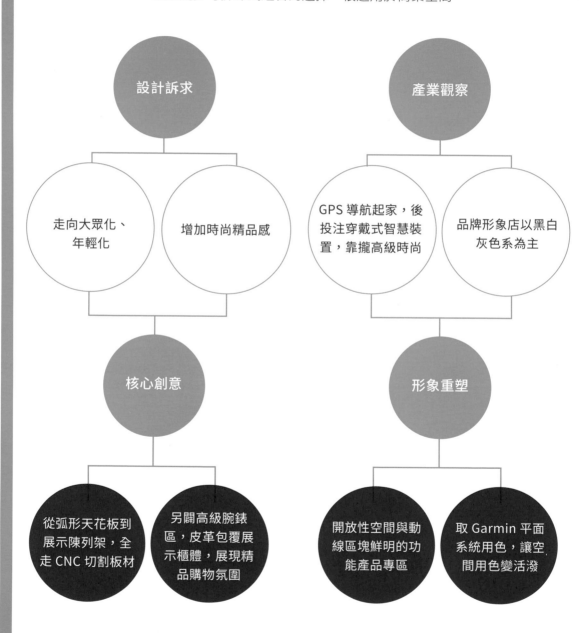

設計訴求

產業觀察

走向大眾化、
年輕化

增加時尚精品感

GPS 導航起家，後
投注穿戴式智慧裝
置，靠攏高級時尚

品牌形象店以黑白
灰色系為主

核心創意

形象重塑

從弧形天花板到
展示陳列架，全
走 CNC 切割板材

另闢高級腕錶
區，皮革包覆展
示櫃體，展現精
品購物氛圍

開放性空間與動
線區塊鮮明的功
能產品專區

取 Garmin 平面
系統用色，讓空
間用色變活潑

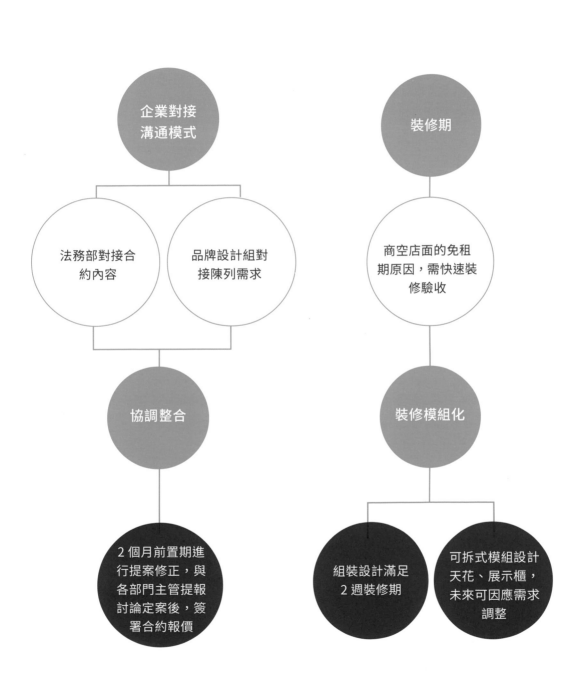

企業對接
溝通模式

裝修期

法務部對接合
約內容

品牌設計組對
接陳列需求

商空店面的免租
期原因,需快速裝
修驗收

協調整合

裝修模組化

2個月前置期進
行提案修正,與
各部門主管提報
討論定案後,簽
署合約報價

組裝設計滿足
2週裝修期

可拆式模組設計
天花、展示櫃,
未來可因應需求
調整

圖 01：Garmin 示範店的可拆式設計，算體現了環保裝修精神。

圖 02-03：展示櫃體全走模組系統，以便日後量產。

圖 04：Garmin 示範店的天花板嘗試可拆卸作法，能隨時調整角度需求。

01　02　03
　　　　04

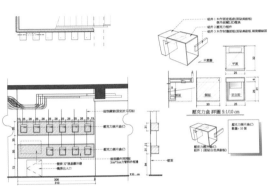

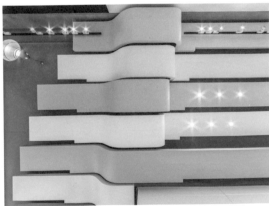

CASE 06 柒品茶英倫茶飲店

Ctrl C + Ctrl V 的分店空間設計，給網紅一個打卡的理由

原來要招攬加盟者，除了商品特色，空間也是吸引力之一，設計師的任務在幫業主創造出一個不只是營業用途，還有故事可說的商空。

委 託 人 故 事

設計樂立杯時，我沒有多少想法；但設計柒品茶時，突然覺得自己是被設計耽誤的手搖茶大亨（笑）。

這也是一個急、趕、催的商空個案。朋友的朋友轉介紹柒品茶手搖飲店業主認識，對方初次見面便抱來厚厚一疊和茶飲有關的資料，邊討論空間陳設規畫。該茶飲最大魅力在於專作進口英國茶，期望能結合台灣在地茶品文化，空間的第一著力點即是如何取得兩者平衡。

業主更一邊解說傳統茶飲要遵照的 SOP 教育手冊，靠人工計算調配，但是現在的茶飲學會智慧化了，透過雲端設定好茶水比例，用 App 設定即可，員工手指作業按按鈕就能調配好一杯飲料，完全不用擔心商業機密外洩，只有老闆核心團隊才知道配方祕密。科技成了新式茶飲店特色之一。

01

02

圖 01：3D 繪製茶飲店立體空間感，包含用色在內，讓業主有想像空間。
圖 02：店內實際用色，未必一定等同於 3D 繪製，會根據實際臨場視覺加以調整。

不僅僅如此，業主希望茶飲店未來可以發展成加盟事業，向海外拓點，因此期待空間設計會為其主動鋪陳故事，店的形象要能切中立下的英式茶飲旗幟標竿。

業主原本已經有請平面設計品牌 LOGO，提出制式的圖騰樣貌，我只需要將這些平面元素融入空間中即可。和我一手包辦品牌形象 LOGO（CIS 形象塑造）與室內裝修的唯芯牙醫作法有些不同，柒品茶是要替既有的 LOGO 和商品（茶飲），找到串聯的空間共鳴點。

案 件 磨 出 我 的 速 裝 修 能 力

好奇心不會殺死貓，只會推著你想愈看愈多！

柒品茶就是活生生案例。因為聽到業主的創店理念和運用技術，我回頭跑去跟材料供應商學了三天的手搖茶製作方式，以便更了解手搖茶店的作業模式。認真說來手搖茶是商業空間裡非常有趣的項目，這類型店家真的很好入門，無論坪數大小都能展店。

我認為在不同設計中學習產業生態，更容易幫助自己多元思考，或許這些看似和室內設計無關，卻能幫助整理出一套別人模仿不了的商空特色邏輯。

● 獨特的設計才能說服業主買單

商空設計最主要的是凸顯差異化魅力，主題、風格要夠鮮明，讓人一眼辨別。打造柒品茶時，除了選擇古典線板以對稱手法來實踐業主訴求，同時替茶飲用顏色來強化品牌 LOGO 形象。為了不和坊間茶飲店撞色，失去識別目的，我們和業主一起調色，核心以藍色為主體延伸手工調色，嘗試許多回合才調出專屬柒品茶的個性藍。

至於會選擇藍，是考慮到大家很愛社群分享生活美照，正好調配出的藍色調色性比較溫潤，很是貼近社群主流又能兼顧獨特魅力需求。

另外，扣除茶飲文化，品牌識別、特殊色系、擺放裝飾標準及配件，人員進出動線及空間與區域分配等，都影響著空間運用，因為店家有可能要走入 AI 大數據，被動行銷改成主動行銷，而訂單一來該怎麼幫客戶設計流程呢？

這些若能事先想到並找到解決方案，將是成為不敗設計師的最佳籌碼，因為你已經不只是在做設計了！若能替業主先一步分析，恭喜你，又獲得一位業主的信任。

圖 01：設計微型吧台區，增添打卡熱點。
圖 02：呼應進口英國茶品，在飾板線條安排上，較我過去設計，多了點裝飾性意味。
圖 02：因應業主事先提出的品牌標誌，以及希望的打卡牆，特地規劃專區設計。

● 快、狠、準，讓設計師獨占鰲頭

為何我會一再強調技術、知識資料庫建檔的必須性？

我們跟客戶的關係，好比室內設計是執行單位，我們形同大腦，客戶會跟我們說出他的想法，去分析給他聽、該怎麼做，歸納整理出來，再製成可以手冊範本，可以弄成 a 格局、b 格局、c 格局，都列出規範出來，往後便能以此去延伸任何一個可以擴點的標準與規範。如果企業組織屬於加盟事業，那麼這些涵蓋品牌信念的 a、b、c 格局模組，就能吸引加盟店的興趣與合作意願。

為了能夠快速找到合適的設計模組，真的很仰賴平常歸類的技術資料庫，我習慣將不同商業空間案例分門別類，好比日本料理店是 1、餐廳是 2，茶品是 3，以此類推，遇到何種類型店家，我便可以立馬找到類似作品來當設計參數，哪裡是小廚房、煮茶區，需要多少展示或收納櫃體，格局動線安排快速掌握，做出相對應的空間和陳列對應點，讓業主自行填空擺放設備。

Interior
Design
Model

01

02

圖 01-02：現在的茶飲店空間特色必須鮮明，要滿足網美打卡需求。

確立好模組範本基礎後，接下來便能專心打造該商空的專屬特色風格，設計的力道和時間分配可以更有效率些。我不否認要替每個個案找出特殊魅力。設計師當然要盡心盡力，替每位業主鞠躬盡瘁，但我們也是要講效率，再次記住我說的話，我們是設計師更是生意人，平日做好資料歸檔動作，有資料參考可以事半功倍，別再瞎忙下去！

即使不是為了案源著想，想著將來哪天你想出版鉅作，哪天可以把貼上你名字的招牌技術傳給子弟兵，這些都是取之不盡的大寶藏啊！

設計師的案前筆記

商業空間的裝修規劃，真的是走速裝修路線，礙於店租成本壓力，多是求快進行，在講快的模式下，設計師需要思考各種套組可能，這便有賴平日的資料庫整理。

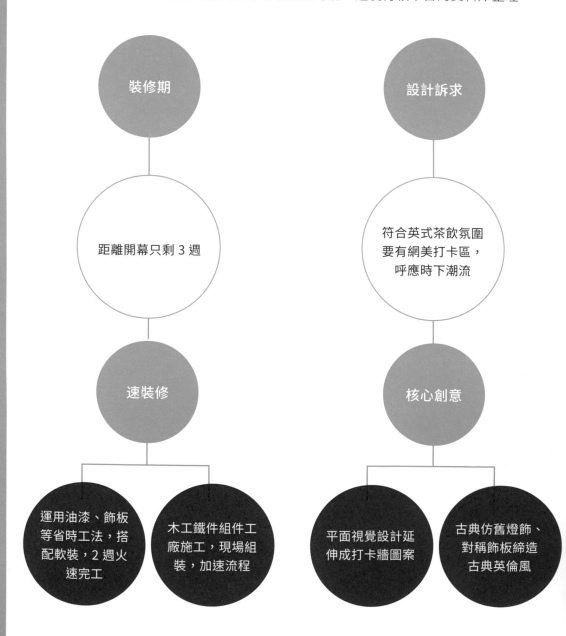

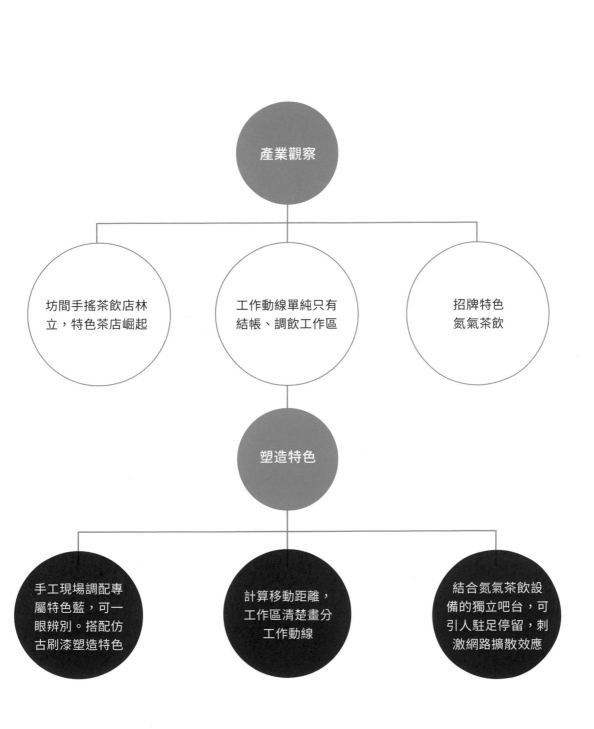

Worth
Lessons

CHAPTER
04

從痛中學
N 件設計圈
會碰到的鳥事

誰沒踩過坑、吃過虧？
被廠商唬、被業主威脅、被工班吃豆腐，
這些真的都是天經地義的必經過程嗎？
都已經知道前方有地雷了，
何不學些解雷方法再出發吧！

別懷疑，不是只有菜鳥才會變白老鼠，時代在演進，建材也會不斷演進，無論處在哪個階段，你都一定是白老鼠，更別自以為老手就不會栽跟斗。

人在江湖混，哪有不挨刀！一旦成功就是經驗值，誰都取代不了你，所以我勇於當白老鼠，敢當白老鼠，願意當白老鼠。

我碰過最鳥的事情，也是我上課時常拿來當範例的一個親身體驗，是拋光石英磚這個建材。會知道它，是入這行以來就從市場上和前輩口耳相傳得到的資訊。設計師跟屋主之所以絕多數都選擇這個建材，例如我第一個中古屋翻新就是使用了義大利品牌的石英磚，主要是它的紋路可以仿大理石，儘管當時技術還沒有那麼逼真，但說到底它親民的價格是一大關鍵，我也因為價格能被大眾所接受，大力推這項產品。

Undergo
Experience

只是當年的價格戰，讓不少設計師捨歐美品牌改採東南亞製，往往推廣時報喜不報憂，比方會說石英磚很好清潔，就算咖啡倒了或髒污也不用怕擦拭不掉，卻沒說石英磚是高溫窯燒的產品，密度係數比大理石高，人為刻意加工，是個無法呼吸的建材（大理石因為是天然，屬於低密度，毛細孔大）。

好了，問題就來了！這些東南亞製的拋光石，十分不穩定，一到冬天，特別是寒流來襲就會爆開，一天我的業主打來說「我家放鞭炮了」，我聽得糊塗，去現場查看以後，果然整個客廳地板都爆開，因為我當時太菜，忽略這是可以找廠商負責的，全都自行吸收了。

面對技術尚未成熟的產品，設計師願意接受推廣並使用，理當對這些品質不穩，或自己選品牌不夠謹慎時，就該留心未來將降臨的教訓。

所幸，目前拋光石英磚的生產技術已經非常成熟，「放鞭炮」事件已經鮮少發生。但是，仍要告訴你一個觀念，無論任何產品都要叫廠商給保證卡，當然最好有測試報告等，再用這些產品。

對廠商的保固要求是必須的，因為這也是保護業主跟自己。

所以我說啊！人在江湖混，哪有不挨刀，初入行的菜鳥，自以為經驗老到的資深老鳥，大家都會三不五時踩到地雷，別自認可以躲過，至少要知道怎麼解套。

[Avoid the trap]

地雷在這！ 12 項無痛拆雷法

別以為只有菜鳥會吃悶虧，資深前輩偶有誤觸地雷區的時候，連我在內，都難保證身上帶的避雷針可以長久保佑，倒是積的經驗多少會增強雷達功力，讓你「超前部署」，以下 12 種情境是綜合多年來心得，得出的解法套路。萬一你遇到了，別慌，記得室內設計師的專業素養就是一門綜合格鬥技，簡單來說就是什麼都要會，為的是隨時有拆雷的心理準備。

01 我就是偏偏要挑你毛病

這大概是我遇過最沒理由的，只能想可能就是上輩子欠他的，櫃子挑、油漆挑、燈光挑、想到就挑。知道嗎？這是世界上有不同膚色的人，每一種人人種都代表文化與性格，我們華人更是，多元族群與文化，每個人注重的就是一個奇檬子，挑剔再多、不滿再多，就是考驗你的事務處理能力與溝通技巧等細節。

屋主一開始會不會挑剔，打從初始就有徵兆，我們身為一個設計師就應該要「心領神會」！我常說一個好的設計案能完成交案，不是我們設計做得好棒棒，而是我們有多懂業主？

除了打造業主的理想外，又能透過業主的挑剔幫自己進化多少？
上輩子欠他又如何，這輩子還他就好！

在此，奉勸大家無論業主怎麼挑，都不能動氣。好好列出所有挑剔的清單，一一修整後，請業主簽名，通常人只要遇到要簽名，就會覺得事情進入「規範化」。總之業主還要事後的保固吧！所以別動氣，這些業主都在磨練你往後的實力。

圖 01-04：我很愛利用裸露管線來製造空間活潑層次，但未必每個業主都欣然接受，靠話術溝通外，設計師需要敏銳地觀察該業主的接受度可以到哪。

 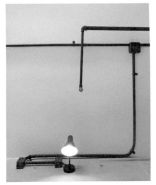  

02 完了！用錯材質

這件事情到現在還是我設計生涯中一個很重大的教訓，合約簽署是「矽酸鈣板」，但師傅偷工減料，用成「氧化鎂板」，於法規來說沒問題，但合約清楚寫明「矽酸鈣板」，事情就很大條了！

在室內裝修，氧化鎂板和矽酸鈣板兩者皆是合法使用建材，可在價格部分，氧化鎂板成本較低；特性部分，矽酸鈣板較不會有潮化變形問題，反觀氧化鎂板的毛細孔密度與石膏板相似，容易受潮，萬一空間容易有潮溼水氣的話，用它來當隔層，初期或許看不出端倪，日子已久，層板軟化變波浪狀。

對商業空間來說，為了求成本親民以及店家大約 2、3 年會想換裝修等條件下，使用氧化鎂板機率頗高，但對住家來說，反而不妥。我當時就是太菜了，沒料到這麼多，師傅躲都來不及了，當然不願去負這個責任。

我最後選擇直接面對，跟業主協議，在不拆掉重做下，如何賠賞原有合約的用材跟工料錢，在此我們達成協議，而解決了這個問題。但這個給我在未來很大的反思：

**就算跟工班也要白紙黑字，總之，合約是所有信譽的原則，
多做一個流程，說真的不會少你一塊肉。**

03 業主說沒有問題時，就是有問題

談戀愛有蜜月期，新上任的員工和雇主間也有蜜月般的試用期。設計師和業主也不例外，保鮮階段什麼都好說，但期效過了（多久說不準），就是一連串的測驗。很多設計師常常猜不中業主的「不說」、「沒問題」，因為業主自己也疑惑這個決定對不對，當下說沒問題，但等成品出來不是他要的，那事情可就非常大條了。

功課多做一點準沒做，相信我，有選擇性障礙的業主很多，設計師必須一一引導業主把想說的話說出來，用圖片、用繪圖都好，根本就要把業主當家人看，把業主的家當自己家。再相信我一次，多做一點功課。

沒事跟業主多互動，業主不會怕你煩他，
只會被你的用心所打動，打開心房後，
你會更精準了解業主口中的「沒問題」，是哪裡有問題！

假設，業主說這個燈光沒問題，但當成品出來以後，他們必須實體實境感受才知道「感覺」，人的感知是主觀的，是無法靠想像來理解，所以我通常會在燈光、開關或插座多留一點線路（伏筆），這就是絕對的經驗值了。

Rethinking
Context

右圖：圖為唯芯牙醫診所的接待區，天花的黃色罩燈，一看就知道是和獲 iF 設計獎的新竹住宅同期，兩者都使用上同款燈飾，而兩邊的業主都欣然接受我的配色安排。

做設計無法主觀的認定生活是你以為，應該了解這個業主的需求與「他以為」，就算我們無法猜的百分百，至少在前期作業，能做到事先預防的動作。切記！沒有人會覺得你多做是錯，但少做了就一定是「你想得不夠周全」！

04 都做一半了，為什麼還要重來？

有的業主就是大器，不對了就重做，而且願意付重新施作的錢。當然啦，遇到這樣的業主跟中彩票一樣，不是所有人都有這樣的好運！

重做這件事情是可以避免的，問題是在於你的事前功課準備的夠不夠，就算業主願意重做且付錢，可是為什麼要讓這件事情發生呢？

我一向認為溝通不良才是造成重做的主因，有沒有精準的圖面，無法完全解釋材配，或者讓業主知道實體完成後最接近的狀態樣品，我在我的設計生涯中很少發生重做的事件，最多就是修改細部而已，所以我必須說，不得不重做，通常是設計師自身的問題比較大。

如我上述說的，圖面溝通確實了嗎？在每一個流程有沒有合約規範，跟擬定的好的圖面簽約流程。

室內設計是一門看起來像創作，
但說到底是一門生意，白紙黑字以後，再來談創作。
千萬記住這一點，這可能是大師級的都會犯的錯！

Rethinking
Context

右圖：業主會怕沒有白紙黑字，失了保護傘，對設計師來說，我們也會怕沒有白紙黑字，
合約的規範其實是用來保障雙方，千萬別貪圖行事方便，省略最要緊的環節。

05 碰到沒做過的設計，也只能硬著頭皮往前

我接到第一個商空之前，完全沒有類似經驗，但這是每個人的必經之路，與其說是硬著頭皮，不如說是增加我們的戰鬥值。

做第一個商空時，連座位要怎麼安排、廚房設備的廠商跟法規的一切，統統不清楚，但永遠有人比你有經驗，工班、廠商跟業主的身邊資源，都是最佳顧問，不要忘記了，身為設計師，人家要的是你的創意跟設計，不是要你對商品跟設備的了解程度。

比方設計一個汽車的展場，你對汽車熟悉嗎？除非本來就愛這個廠牌。所以懇談非常重要，當你態度用心的想去了解商業空間的目的與作為時，業主不會吝嗇的告訴你他們品牌的優勢，絕對會把他們的產品透過說明或資訊一一解說給你聽。

你有很多的導師，這些人都很願意告訴你，
你只要努力去規畫，四處學習怎麼經營。

我有一次規畫一個火鍋店，因此帶全公司去吃火鍋，店老闆看到我帶這麼多人，我直接跟他說，這間火鍋店很棒所以帶員工來觀摩，店長一聽是設計師，二話不說就帶我進廚房和他們的研發室，用心解說開火鍋店的生意跟經營手法，這不就是很好的經驗值嗎？

Reality
Bites

06 設計師就是逃不了包山包海的宿命嗎？

業主當然喜歡測試你的能力，你就那麼想拿到案子，當然會說自己什麼都行，所以自然什麼都要幫業主做做看啊！

我們往往為了案子承諾超過自己能力極限的事情，這樣說好了，除非你的周邊資源足夠，願意去協助你的人夠多；如果沒有的話，請一開始就告訴業主你做得到跟做不到的範圍吧！

我十分清楚很多人為了不讓業主失望，硬是用這個行那個也行的溝通方式，在此聽我一句話，術業有專攻，請清楚告知業主你的專業底線在哪，又有哪些部分需要其他的專業來協助，這樣反而可讓業主清楚專業分工的重要，你也可以減輕自己的責任分擔，畢竟有你爬不了的高山，也有你過不了的海洋，不是嗎？

很多設計師為了堆疊自己的聲量，所以一些委託人的設計如 CIS，都說自己設計的，你不是千手觀音吧！這麼逞強的原因為何？你做室內設計的所有想法，真的都是你無中生有的嗎？

我們不用擔心業主介不介意是不是「我」在畫圖，
業主只在意你是不是一個很好的「領航者」。

右圖：設計裝修預算是經過「斤斤計較」得來的數字，但再怎麼精算，
也千萬別只看中低價位數字，要洞察背後的風險，而設計師往往要耿直地提醒。

07 不要想白吃午餐，再便宜也有行情

便宜這兩字永遠是災難，請記住我這句話。

貪小便宜的業主，真的是你想要的合作對象嗎？很多有概念的業主還是會想要往大品牌靠攏，因為品牌夠大、不怕保修找不到。我曾經幫一個屋主找他們建商所附的空調，剛好缺一個零件，我真心不知道這是什麼廠牌，但在最後一個山區裡的奇怪工廠找到，我也確實去安裝了，但我很明白的跟業主說，我雖然找到了，但礙於建商的設備，我無法用其他零件，這些是聯絡方式，可能日後要找他們了！

凡事醜話講前面，你的聲譽才有保障。

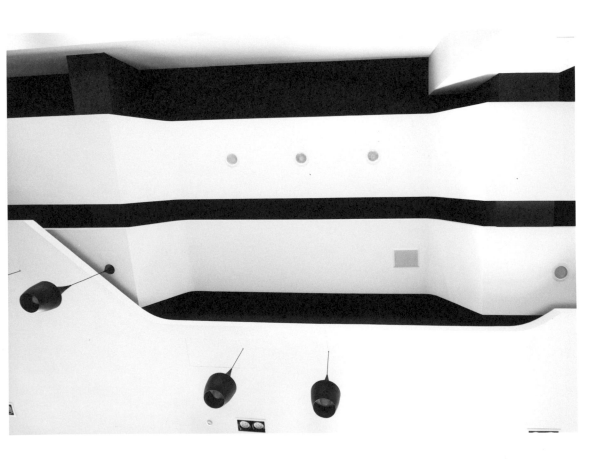

08 業主給的這個預算,真的沒問題嗎?

好!先破除業主預算沒問題這個迷思,是的!愈有預算的業主,他們愈會精打細算,要了解一件事,這個業主的公司可能是上市上櫃的老闆,他要管理公司的一切包括預算,這樣還會隨便亂花錢嗎?有錢人跟你想的不一樣,大老闆會把預算控制得更嚴格,你會覺得他們肯花高價格的東西,那是因為價格等值,他們才願意花,懂這個概念嗎?

假設老闆要一個白金的洗臉盆,是不是價格高了,當然!可是在白金的價格裡,他們還是希望符合最接近他們的理想價格,而白金的價格會被市場操控,你的業主要這東西,可是你可能無法掌握市場價格,換而言之,你真的有把握了,才能給業主這樣的東西。

奢侈品之所以為奢侈品,
就是我們無法去確認真正的價值定義

在市場炒作下,一個默默無聞的畫作,都可能變成上億的價值,所以業主的預算往往是一個參考,設計師的預算卻需要理性的評估。

上述的說法就是,你必須給業主獨特性,而且設計創意可以達到排他性(就是別人都沒有),你的設計價值自然往上拉抬,我們必須創造獨一無二的設計,人家才願意買單,不然日本和牛跟澳洲和牛差在哪?為什麼日本和牛你才願意掏錢?

右圖:不少業主擔心一講出預算,設計師會拒絕接案,對設計者來說,更害怕不知道預算,因為不曉得,就不知做出正確規畫來。說穿了,彼此都在諜對諜,怎能攜手共創美好未來?

跟你說預算無上限的業主，我敢打賭百分之二百是大話，尤其是在商言商的商人，誰不想省一點但能創造更多的價值與盈利。我最近接到提案邀請，要幫某建設興蓋的大樓設計外觀，對方原本預定用植生牆，不過考慮一個月保養要 20 萬台幣，一年得花費 240 萬台幣，所以捨棄植生牆念頭。可是向我們伸手時，窗口卻說預算無上限，這兩者邏輯是矛盾的，我的直覺是不可能無上限，然而我們最後還是抱持天真熱血心態去提案，就算預算報一千萬台幣好了！但真的可行嗎！果不其然，最終建商選擇更低成本行事，人造植生牆，保養費不到原來的一個月植生牆。

人人心中自有一把尺，不要人說你就信。
老鳥的你，就不用我多說了；菜鳥的你，更要記住我的話！
好萊塢電影成本預算也是斤斤計較的，票房數字通常不是盈利數字！

09 工班不理人，是誰的問題

我個人覺得，工班會尊重一個設計師不在於他的技法，而是這個設計師能應付好業主、準時付款跟有責任擔當。

反之，不負責任、舌燦蓮花才是讓工班看不起的主因，想想你會畫圖、會設計，工班不會，所以他們為什麼要在你的專業挑戰你，應該是跟你畫出來的圖面一起討論對錯，然後用他們的專業反饋給你才對，其實工班並不在意你菜不菜，而是你尊重自己的專業嗎？

這樣說好了，一個水電師傅會希望你比他還懂他的專業？那水電就你來當好了。可是實務操作還是需要有幫手的，設計工程是一個團隊，環環相扣。

**尊重你的團隊就是尊重你自己，
而最重要的是團隊不會不尊重你，
因為他們需要你讓他們發揮專業。**

當工班想挑戰我的時候，我會問「業主聽你還聽我呢？」如果你挑戰我成功，我妥協了，但業主不接受，那工班有沒有勇氣跟我一起承擔責任呢？如果彼此都沒辦法，就合作解決業主丟出來的問題好嗎？

Rethinking
Context

右圖：現在很流行一句話「超前部署」，在設計界，我們早習以為常，不僅得常常替業主客戶事先想到。

10 什麼都好，是因為不知道自己要什麼

我從來不相信業主跟我說沒有這樣的需求，比方沒有音響需求就不用裝設，實在話！我真的不相信，所以就算業主告訴我他們不需要重低音的牽線，我一樣設置線路，太多經驗告訴我，屋子的需求是住進去了才算是真的需求，因為沒有人能告訴你，他們真正的生活，如果業主沒有很肯定告訴你需不需要，通常我就是會當作他們有需要。

我們不必去挑戰業主的需求，我們應該理解的是對未來的演進與關鍵。

很多設計師會去問業主有什麼需求，
我則會去告訴業主，
你未來應該會有什麼需求，我能為你創造可期性。

換個角度思考，誰能對自己的未來說個準？所以我常說活在 4G、就要思考 5G，但 5G 一來就要趕緊思考 6G 了，業主不會有這樣的專業思考，設計跟潮流脈動我們都要兼顧，好！說到這，我們是不是該用 6G 思考了，還是 7G 呢？超前部署吧！

Reality
Bites

⑪ 好吧！我們在雞同鴨講

說真的，我覺得最悲慘的溝通就是這一件事了，大家都以為有共識，圖面也沒太大的問題，但就是出狀況了，最後才發現所謂的「標準理解」原來落差極大，然後業主會丟一句話：「我不是早就告訴你了！」

我想在這種無法回應的問題上，不要浪費太多時間，說到底解決問題才是正確態度，我遇過太多別的設計師，在雙方彼此爭論不下的狀態下只好訴諸法律，但這樣真的好嗎？當過五年多的「裝修糾紛鑑定人」，讓我知道沒有真正的贏家，而且再厲害的大師都會有瑕疵，這絕對是難免會發生的事情。

設計師的重要責任，就在於對自我設計及施工態度的責任，
擔起一個應有的職業道德。

我一直認為，道理的是非對錯不用靠爭論，而是靠彼此繼續溝通跟理解，這些年透過良性溝通與相互體諒，當然細細去思考與體會業主的內心想法，設身處地的去思考，再難的溝通都可以找到出口，否則世界上偉大的設計跟建築如何完成？

條條大路通羅馬，但為什麼是羅馬？不是火星呢？
那是因為我們先解決地球問題再說吧！宇宙的問題更遠大了！

右圖：當初替新莊國小圖書館設計導電膜互動牆時，詳加解說光投相關技術運用，讓公家單位理解箇中奧妙。

12 小咖設計師也需要基本尊重

不管你有沒有知名度，請當一個盡責的設計師，我們雖然創造了品牌，但願意守護這個品牌才是最重要的。

所謂的「品牌」，並不是指行銷策略做得多好，簡單說也有行銷做不到的事，就是你的品格，品格除了是人傳人的口碑以外，當然是你真實的品格表現，你專業態度是否能讓人信服。一個設計師能得到他人尊重，不在於多有知名度，或是多厲害，而是在專業、品格及溝通技巧，所以我們必須修正心態、作法及素養，拿出最誠懇的態度，這樣就算不是大師，一樣能獲得他人對你有如對大師般的尊重。

至今為止，我並沒有覺得自己是大師，這是我真的「由心而發」，真誠的自我，這點難以包裝，更不用說如何用「品牌建立」。

當一個願意傾聽、理解而成就自我的先行者，
「尊敬」是無法用行銷或品牌來定義，這點我們必須要銘記於心。

最後我要說明的是心態。你記得第一個上月球的叫阿姆斯壯，他踏出第一步，請你想一下，第二個上月球的人是誰？你一定想不起來！如果很多事都是等別人試了再說，你已經沒有籌碼了，當你等別人的成與敗時，人家已經獲取經驗，走向下一個階段。當人甩車尾時，你連車尾燈都看不到了。

誰第一次使用陌生作法不緊張？最近我因為業主的要求，使用了 90 度機械自動垂降的電視架，（一般是垂直上下升降），我訂了這個機械，自然做好當白老鼠的準備了，因為這項產品必須從國外訂，目前台灣市面上很難找到。

右圖：設計最有趣的地方，就是得不斷嘗試新作法。

第一個，我得先克服設計及機械結構問題，同時導入聲控和 AI 系統，一切完工跟反覆測試，我正得意時，出現了一個讓我難以掌控的狀況！當電視機裝上，超過15 度角的傾斜，螢幕便開始出現雜訊，設計電視完美收納在天花板的美意在第一時間全不見了。業主跟我說是否改設計，不做升降，換我開始堅持找穩定的電視產品替換，如果一點角度就讓電視出問題，這電視也太玻璃心了吧！當然我敢肯定告訴業主這點，是因為我問遍了所有電視達人，我們的身邊都不會少這種朋友的。

起初業主還一度不放心，我提出保證，如果還是有同樣問題，這電視退了我負責。結果就是我贏了，所以白老鼠不是你被試驗，或者被人試驗，活下來的就是成功的白老鼠，所有的漫威英雄不是都這樣！

當一個好的室內設計師，過得比別人好的設計師，請要有當白老鼠的心理準備。

小設計公司的生存之道

作　者	陳鶴元
總經理暨總編輯	李亦榛
特助	鄭澤琪

主編	張艾湘
編輯協力	袁若喬
主編暨視覺構成	古杰
內頁排版	何仙玲

出版公司	風和文創事業有限公司
地址	台北市大安區光復南路 692 巷 24 號 1 樓
電話	02-27550888
傳真	02-27007373
Email	sh240@sweethometw.com
網址	sweethometw.com.tw

台灣版 SH 美化家庭出版授權方

IESG

凌速姐妹（集團）有限公司
In Express-Sisters Group Limited

公司地址	香港九龍荔枝角長沙灣道 883 號億利工業中心 3 樓 12-15 室
董事總經理	梁中本
E m a i l	cp.leung@iesg.com.hk
網址	www.iesg.com.hk

總經銷	聯合發行股份有限公司
地址	新北市新店區寶橋路 235 巷 6 弄 6 號 2 樓
電話	02-29178022

製版	彩峰造藝印像股份有限公司
印刷	勁詠印刷股份有限公司
裝訂	詳譽裝訂有限公司

定價	新台幣 399 元
出版日期	2023 年 07 月初版三刷

（國家圖書館出版品預行編目 (CIP) 資料）
小設計公司的生存之道 / 陳鶴元著. -- 初版. --
臺北市 : 風和文創, 2020.07
面；　公分
ISBN 978-986-98775-4-1(平裝)
1. 職場成功法 2. 室內設計
494.35　　　　　　　　　　109008024